LOCUS

Smile, please

smile 200
男人的憂傷，只有屌知道：你不可不知的性智慧

作者：梁秀眉
責任編輯：張美黛
美術設計：許慈力
印務統籌：大製造股份有限公司

出版者：大塊文化出版股份有限公司
台北市 105022 南京東路四段 25 號 11 樓
www.locuspublishing.com
讀者服務專線：0800-006689
TEL：02-87123898　FAX：02-87123897
郵撥帳號：18955675
戶名：大塊文化出版股份有限公司
法律顧問：董安丹律師、顧慕堯律師

總經銷：大和書報圖書股份有限公司
新北市新莊區五工五路 2 號
TEL：02-89902588　FAX：02-22901658

初版一刷：2023 年 12 月
初版二刷：2024 年 6 月
定價：新台幣 350 元
ISBN：978-626-7388-12-9
Printed in Taiwan

男人的憂傷
只有屌知道

你 不 可 不 知 的 性 智 慧

YOU CAN BE YOUR OWN SEX THERAPIST

梁秀眉 著

目錄

第二章

早洩，快槍俠是怎麼煉成的

第三章

遲射，持久也是病，當男人真難！ 161

第四章

性成癮，現代多元、矛盾的性 207

推薦序

引領尋找解方的燈塔

曾馨儀《今夜一起為愛鼓掌》執行製作人

二〇二一年初，因為從事影集故事田調的關係，一腳踏進「性治療」這個領域，才知道台灣已有眾多醫護、心理諮詢專業背景的人投身其中，默默為不分男、女、老、少解決私密的、痛苦的、迫切想改善的性問題。

秀眉老師便是其中一位。向她田調請益性治療相關問題時，除了像是在上專業課，更多是「感動」，被老師針對性治療與諮詢專業的鑽研、實踐而感動；受老師分享的不同生命經驗故事而感動；因老師在這個仍有點神秘、不太被理解的行業裡，努力用不同方式與大眾對話而感動。

這本書光看書名，像是只寫給男性看的，因為真的有很多「硬知識」可以「學以致用」，協助男性檢視在性方面遇到的問題，到底是生理的還是心理的。讀完會發現人生仍充滿希望，原來很多性的不順，癥結可能很幽微難解，但至少解方是存在的，本書就像引領尋找解方的燈塔。

然而，身為女性的我，看了也很有收穫。這本書幫助男人的另一半更理解男人。性當然可以一個人享受，但當兩個人想要共創愉悅的性時，互相站在對方立場設想，可以讓彼此減少自我懷疑、猜忌、酸言酸語甚至爭吵，這可能是不同性別的人從未想過、卻如此重要的學習。

推薦序

這本書究竟適合男人看還是女人看

許常德 音樂人

今天以前，屌都不是男人的，是被設定好有一些任務的，這些任務如同流行百貨公司的商品，任君購買，不管是讓自己更有自信，或讓愛的人更滿足，或是讓不認識的人認為你很強……講到這裡，屌，像不像是女人的名牌包包呢？

也就是說這些屌，很少只屬於自己，因為屬於自己都不會那麼身不由己，如果陽痿就有末日感，表現不好就要鋌而走險吃威而鋼，你以為的病源都是菜市場聽來的傳說，無知，才是屌的終極殺手，連自己的命根子都不知道要如何愛護！

本書的作者梁秀眉針對其臨床故事，從各個故事去讓你知道屌的歷史共業沒辦法簡單歸類，這個視角很聰明，讓男人可以多看看別的男人的困擾，這一篇篇的真實案例，會讓男人有不那麼被針對的放鬆感，原來屌的權利有那麼多面向可爭取，不用太去滿足誰，無能也許是種幸福，因為屌的基本元素是慾望，而沒有慾望，可能也是風險最少的時候。

不過我是不相信男人有耐心看任何書的。

這本書最重要的消費者是女人，只有女性重視本書透露的男人心事，才有可能讓女性也相對不用身體的某部分去勾引男人的心，這不是男女的問題，是人的慾望與無知的課題，女性看了本書後，再跟下一代說妳們的感悟，這樣才能真的翻轉。

這是一本女性可以好好讀的書，如果女性正在談戀愛或有孩子，相信妳把本書的觀念告訴妳愛的對象，對象一定會很崇拜地更愛妳，因為妳讓男人的屌忽然可以自在老去。妳可以跟下一代分享這本書，進步的觀念最好是青春期就閱讀，因為那時候還沒被退化的性知識給荼毒。

梁秀眉一直在想辦法讓男人的屌真實一點，繼續努力，因為這個屌就像電影《Barbie 芭比》一樣，最終會需要女性來幫肯尼一起翻轉、成長、獨立自在。

前言
這本書，是寫給男人的一封信

男人的憂傷只有屌知道。

這件事情並不是今天才發生的，只是時間來到二十一世紀的今天，這個情況不只變得普遍，屌所面對的各種憂傷情況也變得前所有的奇異。

原因很多。首先是性的環境發生了空前的劇變。

先聽我講個故事。

一個性成癮者的初戀

慕雲是我有一次性教育講座上認識的。

他是知名車廠業績數一數二好的業務員，客戶大部分都是女性。慕雲自有印象以來，女人緣一直都很好，一直被倒追的他，對所有一切都覺得空虛。他對我訴苦，是因為他也沒有對象可以講和性有關的事情，和男性友人講這些，都會被幹譙身在福中不知福。

初見慕雲，並不起眼，但他身上有種看不見、摸不著，像是男性費洛蒙的氣味（也不是實質的氣味，而是一種莫名氣息）。後來我覺得他像塊毛玻璃一樣迷離，仔細看又好像是塊沒擦乾淨的玻璃。談話間，慕雲透露他有燥鬱症的診斷證明，也會定期到精神科門診拿藥，但一顆都沒吃過。

直到有一天和他聊到第一次性經驗的時候，我才覺得那塊毛玻璃比較清楚了一些。

他國中時代就認識一群好友：柊男、嫜翔、夏花，大家都叫他們「四人幫」。每次柊男講冷笑話時，嫜翔的笑點低，總會笑成一團，夏花和慕雲總是反應不過來。而夏花也正是慕雲暗戀的對象。

現在做業務員能言善道的慕雲說，他以前可是一個害羞木訥的孩子。國中功課壓力大，但是身邊有這些好友，尤其有他暗戀卻不知道怎麼表達的夏花，讓他的青春充滿了各種回憶與色彩。

但在高二的某一天，這些色彩裡添加了一個「獨特顏色」。

那是悶熱的暑假，父母都不在家，四人躲在柊男家吹著冷氣追劇，嫜翔覺得不好看，跑去玩電腦遊戲，玩著玩著，嫜翔大笑：「你好色哦！原來你都在偷看這種東西。」

柊男趕緊衝過去想關掉電腦，但嫜翔故意用身體擋住電腦，不讓他關機。

柊男注意到嬅翔其實並不討厭A片，甚至還有點好奇，就說這片不好看，我放另一部給妳看。結果，他們兩人不只看起A片，柊男逐漸靠近嬅翔，開始親吻她，終於開始脫去彼此的衣服，做了起來。

慕雲和夏花兩個人，對突來的變化不知所措，只能屏住呼吸假裝什麼都沒發生，什麼都沒看到，繼續看劇。嬅翔和佟男在電腦桌前做得興奮，嬅翔跨坐到佟男身上，搖晃起身體。慕雲和夏花兩個人還是只能呆呆地愣坐原地。

那邊兩人完事後喘息了一會，嬅翔起身走向慕雲，把他拉進房間床上。慕雲眼睛離不開夏花，也想阻止正向臉紅不知所措的夏花撲過去的佟男，但他什麼都無法思考不了，什麼都做不了。赤裸的嬅翔抱住他，親著他，讓他自己也很興奮，一切就這樣發生了。

後來的細節，慕雲記不清楚了。只記得自己第一次很快結束，休息了一會，過去客廳找夏花。佟男已經從夏花身上離開，慕雲就又和夏花做了一次。夏花沒有拒絕他，一切是如此理所當然。

慕雲說，那之前他連夏花的手都沒有牽過。而終於和自己暗戀的人做起這件事，雖然很舒服，但他心裡有個很重要的東西，像是那天買來消暑的飲料裡的冰塊，做著做著就消失不見了。

他還沒有談過戀愛，就眼睜睜看著心愛的人和別的男生做愛，又再直接跨到心愛的人身上做起愛來。後來，佟男又約他們在家裡開四P派對，說是派對，也不過是喝啤酒一起輪流和彼此做愛。他都沒來得及有自己的女朋友，希望成為女朋友的那個對象卻成了炮友。

畢業後，四人各自考上不同的大學。慕雲與其他三人有了不同的生活圈，疏於聯絡漸漸失去彼此的消息。慕雲跟我說：「其實，我到今天都不知道深深愛著一個人的感覺是什麼，我好像是一部無法回到原廠設定壞掉的電腦。」

北上讀書，大學生活、出社會工作後，更讓他感到迷失，好像什麼都可以做，但又什都做不了。約炮對他成了一件稀鬆平常的事；不約炮，反而覺得怪怪的。

「老實說，我也很少主動約。之前的炮友都還會繼續找我，其中有一位炮友已經認識了十年，她都結婚生小孩了。她生完小孩，還帶著剛出生的女兒來旅館約炮，我還喝過她的奶。」他撇了撇嘴角說：「其實不好喝，真的。」

慕雲說，他也交過幾任女友，但都因為捉到他劈腿、約炮而分手。但是他也說：「我很怕，有一天，我連性慾都沒有，人生到底還有什麼意思呢？」

慕雲是我看到的一個性成癮者的案例。

而這個案例正好說明了我們今天處在二十一世紀，置身於性的刺激、資訊多麼泛濫的時代和環境，每個人要面對性這件事情有多麼不同於過去的挑戰。

這是一個需要「性智慧」的年代

十年前參加過一場社會心理學的專業研討會，參與者大多是心理專業工作者，有一位資深心理師的發言指出：過往十多年來求助的個案，大都是老公在抱怨，老婆不和他做愛了，但近年來幾乎都是女性在抱怨，老公不和她做愛了。現代社會婚姻關係產生相當大的質變，雙薪家庭成為多數家庭型態，女性經濟獨立，對婚姻品質要求增加，其中性生活也是婚姻美滿的重要因素之一。有許多男人其實並不想求助，但硬是被老婆「帶來」治療。

這種性別轉換的現象，除了反映出社會價值觀的轉變，也反映出現代人對於性的看法和需求正在發生改變。過去男性的性慾出口，大多依賴合法配偶，但現在網路A片氾濫，不論你要找哪種性取向的A片，即便再偏門的性取向，只要用心一點找，一定找得到你想要的那種。

有了A片的加持，男人打起手槍比和老婆做愛還開心。做愛還需要顧及對方的感受，看A片打手槍有效率又開心，只動手不用運動全身，射精完放鬆又不累。加上性工作者多樣化、外籍性工作者便宜又年輕，有方便的交友APP，約炮比以往容易，這年代的性選擇變多了，老婆獨守空閨的抱怨也比以往多更多。

過去，許多人看重性在婚姻中的合法保障，但現在，隨著婚姻觀念的變化，人們更加看重性的享受和自由。這種轉變同時也意味著人們需要的不只是更多的性教育和性健康知識，更需要擁有「性智慧」，以避免不必要的風險和傷害。

過去的傳統思想以及新潮流的衝擊之間，沒有進行疏通整合。無論是疫後快速變化的世界，還是氣候變遷、戰爭威脅的恐懼氛圍，這幾年急遽變動的人心，都帶來新情勢，隨著科技的進步和社會的變革，現代社會中的「性文化」也正在發生劇變，而這種變化還在不斷加速，帶來了越來越多懸而未解的問題，同時也帶來各種五花八門的性煩惱。

文明發展、科技進化應該服務於人性，這樣的「與時俱進」在性議題的進步上，卻還沒有發生。許多女性想突破過去對良家婦女的枷鎖，嘗試情慾自主，約炮後又感覺不好，總覺白白被佔便宜，背後依舊沒有擺脫「男賺女賠」[1]的邏輯。

這是一個女人希望男人積極的年代，但又不要大男人冒犯女人。

這是一個男人希望女人主動的年代，但又不要太主動嚇跑男人。

台灣風起雲湧的 #MeToo 運動，帶來很多重要有價值的性別對話，我為勇於發聲的女性感到心疼與不捨。而 MeToo 運動也對不擅長與異性互動的直男

1 何春蕤《豪爽女人》一書中，指出：「支配我們身體和情慾的賺賠邏輯，是性壓抑與男女不平等制度的共同產物。」只要是涉及到身體的觀看、觸摸、性交之類的行為，男生大部分的時候都是「賺到」，而女生則會被認為是「吃虧」的一方。

們造成一些衝擊。想要交女友的宅男更焦慮了，有個來諮詢的男生想追喜歡的女生，約會了幾次都沒進展。他詢問女性友人的建議，友人笑他太拘謹，「你在等什麼，難道要等女生主動，你手牽下去就對了」。但他做不到，「我不敢牽，如果她不喜歡我，結果被告性侵怎麼辦？」

我說：「如果你真的那麼擔心，那你就開口問啊～

「我能牽妳的手嗎？」

男生氣噗噗的說：「我就是這樣問前女友，結果交往過程一直被她嫌棄，說我連牽手、接吻都要問，一點都不浪漫。談戀愛好辛苦啊，我還是打手槍比較爽。」

還有一位朋友說：「我跟你講，以後有女生在我面前跌倒，我絕對不會扶她。」我說他太偏激，他怒沖沖說道：「現在的男生要保護自己啊，如果女生感覺不舒服，告我性騷擾，妳要幫我出律師費嗎？而且，就算不起訴，這種事傳出去還能聽嗎？如果我社會性死亡，妳能幫我嗎？」

不只我的朋友這樣說，以上言論在網路上愈來愈多，顯示關於性文化與性教育，還有很大的努力空間。性對男人如此重要，男人卻只能關起門來自行摸索，入門全憑天分。有天分的男人，搞定女人，就是搞定地球二分之一的物種，人生開外掛，事業、愛情都可以無往不利。沒有天分的男人，沒有人教，不知如何求助，在追求的愛情的路上，經常跌個狗吃屎，輕者自尊受損挫敗，重則造成性功能障礙。

性在房間裡，只是性；但出了房間，牽扯到的是社會觀感與性別期待與關係裡的義務、責任。如何平衡與拿捏，需要智慧，而智慧需要在「經驗」中產生，性別需要交流理解而不是對立。沒有交流就不會有經驗，但性議題太過敏感，根本沒有學習與「試錯」的條件，延伸出許多悲劇與衝突。

上一代的性，每個人或多或少都會屈服於社會權威下被道德綁架，有多少人是因為年紀到了，應該要結婚，而選擇了當時身邊的那個人。新世代已經不吃這一套了，不婚不生已成常態。現代的男男女女大多在愛慾漂流、情海浮沉，想找個港口靠岸，似乎越來越難。

愈來愈多人了解到，你以為是和對方談戀愛結婚，其實你是在跟他的過往人生、原生家庭交往。

我曾經協助過一對夫妻，老公找性工作者被發現，惱羞成怒反怪老婆是條死魚，逼他花錢解決性慾。老婆控訴老公從來不做家事，下班回來還要忙東忙西，害她性慾全無，老公怎麼也不明白，做家事和性慾到底有什麼關係，覺得根本是老婆在找藉口，老婆對伴侶外遇還理所當然的態度，氣得堅持要離婚。

直到離婚了，男人還是無法理解，他的父親從來不做家事，父母的婚姻一點事都沒有，為何自己的婚姻就維持不下去，一定是自己倒楣娶錯女人。時代改變，女人不再依賴男人的經濟生存，這個世代雙薪家庭的性，比起我們的上一代，出現更多問題與衝突無法和解。

正因如此，這是一個前所未有，需要「性智慧」的年代。作為一個心理師，在性治療的實務工作中，我認為「性智慧」不同於「性知識」之處在於：性智慧不僅包括性知識，並能夠在性關係與互動中做出明智的選擇，並建立健康的性關係。

所以性智慧包含三個層面：

1．覺察身體智慧：自我覺察是性智慧的最重要的能力。這包括對自己的身體、感受和情感的敏感性。這種敏感性使個人能夠更好地了解自己的性需求、喜好和限制。身體智慧涉及到了解自己的生理反應，例如，認識到何時感到性興奮、何時感到不適或焦慮，並學會如何舒緩這些感受。這種自我覺察有助於個人更好地理解並掌握自己的性體驗，並提高性的滿足度。

2．正確對待自己與他者身體的方式：包括學習如何尊重自己的身體、照顧自己的性健康，包括從性經驗中學到的自我了解，這有助於個人更好地理解自己的性需求和喜好，並可能有助於解決性方面的問題或困擾。

3．**情境管理和轉換情境：**這裡強調性的互動中的情境管理能力，個人需要能夠適應不同的情境和伴侶。情境管理包括適時的溝通、處理情緒和壓力，以確保性經驗是正面和愉快的。有時候，轉換情境也可以是重要的，例如，從親密的時刻過渡到放鬆和共享笑聲的時刻。這種情境管理能力可以促進更健康和滿意的性生活，並有助於建立更親密的性關係。

你的屌不是你的屌

而這本書，寫的是給男人讀的性智慧。

讓男人知道：不但他的憂傷只有屌知道，而他的屌正在經歷太多過去的男人從未經歷過的憂傷。

但許多男人對性的理解還停留在性知識這塊，甚至許多人連性知識都沒機會接觸，大多是自己摸索上網查資料的知識碎片，更談不上「性智慧」了。

改編成日劇的暢銷漫畫《孤獨的美食家》，提到「吃飯是一種不需要顧忌他人、不受時間和社會規範的限制、享受自由自在的幸福時間的果腹行為」，食色性也，性和吃飯一樣，應該也是一種不需要顧忌他人、不受時間和社會規範的限制，每一個人都該擁有享受自由自在的性福權利。

事實上，要讓「屌」享受單純的快樂，好像愈來愈難。當男人實在太累了，女人可以嬌羞地躺著等待被撩，但男生要手腳並用，上半身下半身都要工作，要用體力、腦力、心力，甚至還要情緒勞動，時不時安撫詢問女人的感受，適時讚美她們的美麗。

偶爾男人也想要躺平，羨慕女人可以不花力氣地享受性愛，你幾乎找不到不喜歡被口交的男人。說起來，可能有些女人很難想像，有些男人獨自打手槍的開心，勝於和伴侶做愛，這是一種不需努力就可以得到的快樂。甚至，許多男人的「性幻想」，是被撲倒強暴[2]（這裡指的是被「可慾」[3]的對象主動誘惑，積極展開性愛行動，男人只要被動躺著，不用任何努力就可以接受對方服務或性刺激的愉悅）。

精采的性生活是共同創造的，男人無法理解，女人即便「想要」也不會主動，好像總是在期待些什麼，但如果男人不發動，女人就像沒有性慾一樣。社會道德壓制女人的性慾，女人怕不小心懷孕的後果，更害怕被當作淫亂隨便；而男人卻渴望被需要，渴望自己也被女人慾求。

阿雄四十歲才和女友發生關係，做愛之後，打開了一個前所未有的新天地，直呼「原來做愛是這麼舒服的事」，女友是單親媽媽，剛開始熱情如火，交往之後關係日益平淡，但他仍性致高昂。他不解女友為何對性的反應可有可無，詢問女友會想做愛嗎？女友說我還好。阿雄不能接受，他多麼希望自己強烈渴望女友肉體，等同女友渴望自己的程度。

物理學家霍金七十歲受訪時曾打趣地說：「女人，她們完全是個謎。」[4]愛情難以言說、不可控與不可捉摸，如此難搞，談過幾次戀愛後，經常會讓男人直接想要放棄。「女人到底在想什麼？」，這個問題，連佛洛伊德都難以理解（事實上，可能連女人自己都不見得明白）。

性交是二個人（含以上，笑）的事，性行為無法排除親密感與身心情感的交流，偏偏這是男人最不擅長的。說不了愛就算了，還談不了性，啞巴吃黃蓮，有苦說不出。

---

2 本文僅探討性幻想的部分，男性被性侵是另一個容易被大眾忽略且漠視的議題，尊重身體自主權，需要求助請打113。

3 可欲是指能引動欲念的事物。出處《老子・第三章》：「不見可欲，使民心不亂。」

4 霍金（Stephen Hawking）於二〇一二年接受《新科學人》（*New Scientist*）雜誌獨家專訪時提及。

性對於男人來說，通常就是陽性特質的象徵。害怕變「娘」的陽剛文化，讓男人缺乏陰性特質的優勢，像是柔軟、同理、溝通與情感表達，對許多男人而言都是難事。太柔軟就擔心變軟弱，女人是情感／情緒導向，男人是解決問題導向，男人、女人是不同物種的生物，彼此如何同理？試圖溝通女人卻凡事追根究柢，執意問男人他自己都搞不清楚的答案，越描越黑乾脆擺爛算了，挫折感讓男人難以情感表達。

於是男人在性愛的雙人舞裡，常常自顧自的踏著不協調的舞步，一直踏到舞伴的高跟鞋，二人都苦不堪言。如果不是遇到早洩、陽痿、遲射……這些煩惱，有多少男人的憂鬱，寧可藏在心裡也不想面對。他有多苦，可能連自己都不知道。

要不是屌出問題，男人的心事，是說不出口的。

然而，性有時不只是「性」這麼簡單，看得見的「屌」，如同汪洋中的冰山一角；海平面下方看不見的「性」，背後有著許多恐懼與焦慮。**其實，你的陰莖不是你的陰莖，它有自己的想法，它有話對你說**。有些話，男人自己說不出口。如果屌會說話，我猜，它會說：「兄弟，你要面對你的脆弱，因為我正提醒著你，你可能有些傷要好好面對。」

關於性，反映了每一個人的獨特性，不會只有一個標準答案。

但男人的世界，答案卻往往只能有一個，就是強、猛、久!!

如果我不強、猛、久，那我就不是男人了。

我們都知道，性和愛，都是需要學習的。但如何學習？當網路與A片就是男人的性教育，女優男優就是性教育的老師，面對男優的持久大屌，幾個男人不自卑？面對女優的美貌與身材，哪個女人不自卑？

性對人生影響深遠，許多人在成長過程中卻只能自行摸索。網路與A片所傳播的性意涵與性文化，敘事版本太過單一，故事扁平刻板，真實世界每一個人的性經驗如此隱晦，找答案的過程是如此孤獨，無論男人或女人，我們總覺得自己不夠好，不夠完美，如一人駕獨木舟置身在詭譎難測的汪洋裡。

大家都聽過，男人射後不理，拍拍屁股走人的故事，也以為男人是「有洞六十分」，「有炮打就是爽」的單細胞生物。但做為性治療師的我，聽了許多男人不欲人知的故事，愈聽愈令人不捨，其實男人真命苦。

找個對象不容易，好不容有了對象可以做愛，陰莖硬了不見得能放進去，放進去了不見得能夠抽插。能夠抽插不見得能夠持久，能夠持久也不見得能夠射精，能夠射精對方也不見得滿意，對方滿意了自己也不見得有爽到，同一個對象做久了，硬不起來，好不容易遇到女神，又忍不住射出來。吃威而鋼找控制感，射完還是很硬；不吃又裝睡叫不醒。

男人總愛吹噓性能力的背後，是與內在真實自我的隔離。在我協助個案的過程裡，經常發現大多時候早洩、陽痿都不是生理上的問題。無助的屌、敏感的屌、射不出來的屌……，這些都是男人說不出的話。男人總是想辦法讓「屌」盡可能的曝光被看見，拍照狂發給陌生網友，甚至變成遛鳥俠，享受女人花容失色的快感，那是隱藏在衣服下面的另一個自己，男人渴望被看見。

「屌」的存在是為了快樂

「屌」作為生殖器，功能就是為了繁衍後代，而愉悅的感覺是性行為的獎賞，大自然的獎賞機制，讓人類對於性樂此不疲，才會有利於人類生存。可以說屌的存在本身，就只是為了服務男人的快樂。

因為助人者的身分，我得以聽見男人們的心聲，閱讀男人心，揭開男性堅強表面的真實。作為性治療師的我相信，有些性功能障礙不是病，只是「屌」想說出心裡話。男人遇到各種人生難題，寧可忍耐也不想面對，直到屌不能隨心所欲了，他才會坐在我前面，想知道自己到底是怎麼了。

世界總是令人失望，生活像是一碗泡麵，內容常與商品圖片不符。當苦悶成了日常，下班後放鬆打開電腦，找個喜歡的女優，看看A片、打打手槍，睡個好覺，男人的快樂就是這麼樸實無華。無論生活有多艱難、伴侶多難搞，你的屌是你最親密的伙伴，爽就射精的快感，無論如何都不會背叛你，打手槍的快樂永遠不會讓男人失望。

男人的憂鬱連他自己都不知道的時候，真的可能只有屌知道了。屌明明包裹在衣服下看不見，但陽具的意象卻是無孔不入，男孩從小的教育就是「你這樣不像男人」、「你到底是不是男人」，這是一種咒語，要男人把陰性特質以及脆弱的一面藏好。

陽具無所不在卻隱而不顯，如同男人的憂傷……。

對男人來說，性是理所當然的，比起談戀愛，性簡單多了。如果連性都搞不定，不能想硬就硬、想上就上、想射就射、想不射就不射，對許多男人來說，簡直是世界末日。

男人的性障礙牽扯尊嚴、性能力、房事等個人私密領域，大多不願開口尋求協助，最常見到男人寧願冒著影響健康的疑慮與風險，偷偷購買各種壯陽藥品來解決。直到花了大錢，求救無門才尋求專業的協助。

「心事誰人知」這首大家都熟悉的台語流行歌，總在我進行諮詢時，成了男主角的電影配樂。諮詢過程中，我常有感而發地，和沮喪的男人說：這（早洩、陽痿、遲射）並不是你的錯，一路以來你辛苦了。

壓抑的你並不了解自己，只有屌懂你的心。

性治療是社會治療，性問題是國安問題

我寫作《男人的憂傷，只有屌知道》這本書，是想指出，你的屌有時不只是你的屌，你的憂傷從個人、家庭、社會、文化、道德都有關，這個社會病了，性也出現各種五花八門的毛病，因此我認為真正的性治療其實是「社會治療」。

隨著科技和社交媒體的發展，人們的社交和溝通方式也發生了變化，這種變化同樣對戀愛和性產生了影響。人們現在更容易通過交友軟體和社交媒體認識新的伴侶，但同時也更容易遇到虛假的身分和騙局。

人們需要更加理性和謹慎地面對網絡世界的戀愛和性，當社交軟體已成為大多數人交友的主要管道，當 #MeToo 運動盛行，如何保護自己並被「性愛」滋養，這需要在網海浮沉之中長出隨機應變的判斷能力。但這樣的能力如何長出來，學校並沒有教，靠的是自行摸索累積的經驗值。

早期台灣戒嚴時期，因人人自危的壓抑氛圍影響，「性」作為長久以來的社會禁忌，有關性的知識多以負面警語方式呈現，性教育、性資訊本就不多。台灣以往的性醫療以醫師為主導，若有性功能障礙，民眾所能尋求的正規管道，就是泌尿科或婦產科門診的協助，尷尬的是，病人在半開放的診間要提出性障礙問題總是難以啟齒，除了醫師、護理師，通常還會有下一位病人坐在後方等候看診。

而醫生所做的治療較偏重藥物或最新儀器檢查，大多以「醫療」為主。因應性治療市場需求，即便台灣尚未有性治療師的國家考試，已有各種相關機構成立。

近年來，隨著性治療的需求不斷增加，性治療走向資本化的現象逐漸浮現。許多民間自辦的「性健康管理顧問公司」，以及醫院裡附設的性治療門診，提供的課程與行為認知訓練往往需要另外自費，費用也不菲。

一方面，這是因為現有的健保體系僅能提供生理檢查和藥物治療，而對於精神層面的性問題，需要透過一對一心理諮詢和行為認知訓練等方法來處理，這些方法往往需要額外的費用支出。此外，由於性治療涉及的領域十分敏感和私人，有些需要專業的治療資源和醫療設備，治療品質良莠不齊，有些價格開得十分昂貴，加上資訊不對等，民眾難以判斷[5]。

性治療走向資本化的現象，反映出社會對性健康的重視和需求，但也暴露出台灣現有的醫療、健保體系在性治療領域的不足和缺陷。

每家醫院的婦產科，大都需要處理伴隨高齡而來的高危險妊娠問題，四十歲左右生小孩，是近年來常見的現象。想生的人不見得能生，能生的人卻受困於「性功能障礙」生不出來，明明生殖能力正常，卻需要人工受孕的方式，付出更多的醫療代價與社會成本才能生小孩。年輕媽媽卻很少見，大多是因為沒有做好避孕，不想生卻有小孩，而衍生出許多「非預期懷孕」的社會問題。

台灣生育率世界排名倒數第一[6]，加上二〇二五年台灣正式進入超高齡世代，性的問題可謂是國安危機，嚴重影響國家的人口結構。政府應該進一步加強對性教育和性健康的宣導和推廣，增加對性治療的投入，將性諮詢、性治療納入健保，以期能夠讓更多人受益於全面性、有品質的性健康保障。

這本書，除了我和求助者的故事，還會結合性教育、性諮詢和性治療的內容。為了保護他們的隱私，故事都經過改編，以實際案例為靈感重新編寫，故事內容、人物、對白純屬虛構，為了解釋普遍存在的問題，也會將多人的例子合而為一，如有雷同，或許你需要參考一下這本書，每一個章節後面都有男人自助守則，敬請享用。

5　台灣有些性健康管理顧問公司，收費已到十幾、二十萬；亦曾有個案因早洩求助某性健康管理中心上課，卻因治療過程不當而導致陽痿，但他覺得太丟臉不願意聲張，寧可認賠了事。

6　台灣新生兒二〇二一年創下歷史新低，僅十三萬八九八六人。

比起我的性教育講座或一對一的性治療，書寫勞動相對辛苦，加上我身兼家庭照顧者、斜槓角色數職，這本寫了好久的書，讓我幾度都萌生想要放棄的念頭。看著從我諮詢室離開的男人們，成為更好的人，伴侶也因此受惠，我改變的不只是一個男人，而是一個家庭，人生再也不一樣了。這些經驗讓我渴望可以幫助更多的人，想到許多人沒有機會接受幫助，而讀者可以用購買一本書的低廉價格，得到重要且完整的訊息，我又咬牙堅持下來。

現代文化多元、價值觀不再單一，但男人內心還是很容易有著強烈的挫折無力感，總是懷疑自己不夠像個男人。即便這個「男人」在真實世界裡並不存在。這樣的「真男人幻想」，是所有男人一輩子的夢魘。其實性不只是性，作為男人，你需要好好享受性愛，也意味著你想感受生命的熱情和喜悅，重新點燃性的美好，就必須學習如何擁抱脆弱。

學習上善若水、潤物無聲的性智慧，擁有面對脆弱的勇氣，是我心中的「真男人」。可惜的是，父權文化不鼓勵男人擁抱痛苦、處理創傷，無論你有多麼強大與成功，終有一天要面臨失落、衰敗，生老病死是自然歷程，難逃天地之間。說到底，性智慧是擁抱「脆弱」的智慧，屌像是一隻把頭深埋到沙子的鴕鳥，用自慰、打炮的快樂來逃避一切問題，逃避雖可恥但有用，但逃避終究是暫時，終有一天屌悶得受不了，還是要伸出頭來面對生命困境。

男人的憂傷為何只有屌知道，因為屌代表了男人最脆弱的地方，許多影視作品裡的劇情轉折，常見肉搏戰想要反敗為勝，往屌一踢，對方就抱著屌哀嚎不已。**在這個性議題牽扯到污名文化、自我認同、性別差異、資本主義困境的時刻，性功能障礙不能只是處理「器官」，許多男人眼淚往心裡吞，性功能障礙是這個時代的文明病，是屌的集體哀號，你聽到了嗎？**

性知識是整個世界文明的結果，性智慧是人類精神文化共有的結晶，更應該是文明觀念的進步史，讓性作為媒介，在人與人之間朝向相攜相知、相知相惜中辯證理解，性得以讓人生美好而幸福。在協助個案中，我發現時代變遷帶來複雜的「性傷害」日益難解，此書是我作為助人工作者憂心之作，企圖拋磚引玉，投石問路，期待醫護、心理、性治療領域的先行者與同路人，一起關注這個變化的光速時代，與各種性議題的多重複雜實務現象場。

也因此，這本書談的是性智慧，但也是一封寫給男人的信。寫這本書我想做的是：普及、有效的性治療，不管有沒有錢，每個人都應該享有健康的性愉悅和美好人生。

面對性功能障礙，是一件不容易的事，我很欣賞所有願意來到我的面前，坦誠自己的煩惱的男人們，你們應該感謝自己的勇氣。性總是令人難以啟口，無論你是誰，希望這本書有一句話或是一個故事，可以與你對話，希望能讓你知道，你不孤單。

第一章

陽痿

其實你不懂屌的心

還記得學生時代、同梯的、兄弟死黨在一起，有一句沒一句說著無關痛癢的閒話，一起打發時間的悠閒？或是兄弟失戀鬱悶約喝一杯、抽根煙或是揪唱歌吃熱炒；抑或什麼都不說地開著車漫無目的地兜兜轉轉。男人從小到大都是哥兒們，哥兒們就是愛玩，大夥義氣相挺、不用多問、不用多說，甚至枝微末節不需過問，一起做些無腦樂事，就在彼此舒適圈裡放下武裝的兄弟。陪伴了彼此經歷了人生無數個重大事件，不用多說對方一定懂自己的心情感受，所以從來沒有真正問過細節。突然間，這樣的兄弟已讀不回，在重要時刻不再相挺壯膽，這時才發現「其實我也不知道這兄弟平常在幹嘛」。

你的陰莖不是一塊任憑擺布的肉，它就像你的兄弟，而其實你並不懂它。

你應該早就發現了，當你開心，它就容易興奮；當你鬱悶，它也躺平擺爛。

勃起不代表性慾高漲，沒反應也許是裝紳士。令你小腦充血的尤物不見得是真愛，你學會在公共場合橋位置避免尷尬。

年紀逐年下降。過往到泌尿科門診求助的，大多是老年人，因此威而鋼的實驗對象的平均年齡是六十歲。但近年來不到三十歲來求助的年輕男性也越來越多，現代男性因為工作壓力大，加上抽煙、熬夜，以及飲食高糖、高油脂，造成血管阻塞及糖尿病等問題，這都會導致不同程度的血管性勃起障礙。加上日常網路被迫吸收的爆炸資訊量、專注力稀缺，自殺率一再攀升。他們表面看來是在前所未有的自由氛圍中尋求自己的路，但承受的身心壓力並未比過去少。情慾選擇也朝向多樣性，有的不想承受談戀愛壓力，只想享受單身約炮，「百人斬」在從前是驚人的數字，現在卻沒什麼大不了。種種因素導致陽痿年輕化。

我很榮幸在製作優良用心的台劇《今夜一起為愛鼓掌》中客串演出工作坊老師，同時也協助劇組團隊一起討論劇本內容，希望可以提供民眾有關性治療的正確觀念。這是亞洲首部性治療影集，即將在二〇二四年播映，讓更多人可以透過輕鬆有趣的方式了解性治療師這個行業，以及性功能障礙的專業知識。

世界衛生組織把性健康定義為：「與性行為有關的身心健康和社會幸福。需要對性行為和性關係持積極和尊重態度，使人們可以在不受脅迫、歧視和暴力的情況下享受令人愉悅的、安全的性體驗」，未來「性健康」將是作為身心健康的重要指標之一。

另外，威而鋼的輝煌時代已成過去，**整合性治療亦將是未來的重要趨勢**。性功能障礙的解決之道，已朝向「整合性」的新方向，除了醫療診治，還結合心理諮詢與認知行為訓練等方法。健保給付的門診，大多以藥物治療為主，針對心因性或混合型的陽痿，能做的處理有限。資深的泌尿科醫生很懷念威而鋼時代，沒有什麼是一顆藍色小藥丸不能解決的。

但人們發現，藍色小藥丸並沒有那麼神奇，要掌握做愛時機已經夠難了，還要把握時間提前吃藥、不能隨心所欲勃起、射後仍硬等不適，讓男人們服藥的意願變低，雖然陸續研發新藥，包括有短效的樂威壯和長效的犀利士，但有些長期使用的個案，產生耐藥性，抱怨效果愈來愈差。

所幸科技日新月異，最新的「低能量體外震波」療法以及「EECP療法」，可以改善心血管導致的器質性勃起功能障礙，但仍然不能解決心因性或是混合性勃起功能障礙的問題。

曾有一名個案林先生，找性工作者解決性需求，她一見面就脫衣服，然後就躺在床上滑手機並喊著快一點，超過時間要加錢。滑老半天手機，發現林先生還是軟的，便幫林先生口交，發現還是硬不了，就不耐煩地說：「你到底行不行？不行我走了哦？」從此，他自己打手槍就沒事，和伴侶要發生性行為，就硬不起來。長期使用威而鋼等藥物效果愈來愈差，最後詢求我的協助，才回想起當時「女人說一句，男人十年不舉」的經驗，是他陽痿的主因。

也有個案做愛時，伴侶總是沉默，對於沒有發出聲音的性愛，讓他覺得很受傷，總覺得自己表現得不好。鼓起勇氣詢問伴侶才知道，伴侶做愛時很投入也很放鬆，甚至高潮過幾次，單純只是太享受了，沒空刻意發出聲音。追根究柢，是A片中女優表演式的呻吟誤解了許多男人。

又像是陳勇，快四十歲才做了包皮手術，明明手術很成功，但他宣稱手術後他就軟屌了。醫生檢查都沒有問題。我評估之後發現，割包皮之前的他就有早洩的情形，陰莖原本就很敏感，一旦割完包皮，龜頭直接和衣服接觸摩擦，強烈的刺激讓他整個受不了，感覺異樣無法適應而導致陽痿，後來我協助陳勇處理過度敏感的問題，不止治好早洩，陰莖也恢復以往的活力。

從許多案例中，你會發現，男人的屌，是如此脆弱與敏感。男人的憂傷，只有屌知道，而屌更是男人身心健康的溫度計。男人的自尊總是無意識的建立在堅挺的陰莖上，而忽略其他重要的事物。弔詭的是，男人的自我價值感，愈是專注在陰莖，而不是親密關係互動的感受上，愈容易在性生活產生挫折，造成陽痿。

只要談到性，陰莖就佔據男人大多數的注意力。當你覺得人生很難，你的屌也會疲憊，也想躺平。了解你的屌，也是了解你自身。不想你的兄弟已讀不回你，就與你的屌時不時來場兄弟間理解接受、相挺不批判的對話吧！患難見真情，建立與陰莖小兄弟相處的舒適圈。

從陽痿中學習性智慧，反思以陰莖為中心的世界觀

你知道，視覺跟聽覺的刺激也會影響到觸覺嗎？身體是我們最熟悉，卻也是我們最不熟悉的部分。陰莖不是性愛的全部，透過手指、口舌的「撫摸、刺激（痛）、揉捏、擠壓」這四大類肌膚接觸，觸摸和留下痕跡、不同類型的性歡愉，獲得不同的情慾快感。

我的朋友明隆老婆外遇，嚴重打擊他的自尊心，加上外遇對象是女同志，

讓身為男人的他無法接受，直呼女人沒有那根屌，怎麼可能滿足自己的老婆，她一定會後悔回到我身邊的。我送明隆《搞定女人》這本女同志指導男人做愛的書。我說，女人可以讓你的老婆高潮無數次，你的屌做得到嗎？好消息是，**你的手指可以做到你的屌做不到的事**，好好和女同志學習吧。村上春樹小說《挪威的森林》裡的音樂教師玲子遇到十三歲的女同志學生，竟然差點被她企圖掰彎成功，裡面描述的撫摸技巧，堪稱性愛魔法，值得男性學習。

頭腦是最重要的性器官，別讓陰莖限制了你的想像力與你能得到的性歡愉。床上的情愛現場絕對擁擠，我們的性幻想對象，經常不是正在做愛的那個人，這些情慾想像，往往才是讓一場性愛激情又精采的真正原因（在性幻想世界，你是國王，你想幹嘛都可以，但千萬不要和對方坦誠，親愛的，我正在想像著林志玲，一邊與妳做愛）。

六十五歲的作家苦苓和年輕的妻子感情很好，有人問他晚年的性生活怎麼辦？他說：「人的舌頭是永遠不會老的，我覺得夫妻之間不管再大年紀，都要有性愛，**而人體最大的性器官是皮膚**，縱使你不能從事傳統性行為，也可以每天牽牽手、親一親、抱一抱，產生彼此親密彼此擁有的感覺，如果你連這個都不做就危險了。」是的，人體最大的性器官是皮膚，而每個女人的身體都是獨一無二的樂器，懂得彈奏樂器的手指擁有神奇魔法，有的女人的身體像是大提琴，喜歡被你擁進懷裡肆意撫摸，有些女人是小提琴，琴弦被撥開，女人的心也隨之狂喜顫抖不已，女人的身體隨著不同年紀變化，永遠都值得被探索與認識。

電影《停機四十天》（*40 Days and 40 Nights*）中，男主角因為無法從失戀的悲痛中平復過來，而挑戰四十天無性愛無自慰，不能撫摸不能接吻的自我毅力挑戰。然而一位女神意外降臨。電影中一幕男主角為了完成挑戰，但又面對女神在眼前，便拿起了送給女主角的百合花，輕柔地觸摸了女主角每一吋肌膚後離開，男主角堅守住自我挑戰。事後女主角和友人提起，這是她經歷過最刺激、最慾望高漲的高潮經驗。如果把失戀劇情改成因陽痿被迫「停機四十天」，裡面的女主角不用插入而得到高潮經驗，絕不是電影才會發生，而是現實生活裡，每個男人都可以掌握的技巧。誰說性愛，一定要兄弟提槍上場的，不戰而屈人之兵才是好功夫！

美人遲暮將軍老，最是紅塵兩不堪。時間是我們最大的敵人，也是生命的禮物，為人生揭露事物的本質。如同美貌終究會褪去，只有靈魂的香氣不會消失，再硬挺的陰莖終會陽痿，生老病死，才是陰莖最大的敵人。

第一個故事

陰莖是男人的阿基里斯腱

身高不到一百七的阿倫肩膀掛著女用托特包，手裡提著大包小包，全是剛剛老婆逛街的戰利品。我不熟悉那些名牌，但看來老婆莉莉很注重時尚，也把老公的外表打理得很好。莉莉妝容精緻、身材姣好，穿上高跟鞋的莉莉，比阿倫高上半顆頭。

一進諮詢室，他趕緊先為老婆拉個椅子坐好，然後自己再坐下。動作緊張小心，帶著不好意思的神情以及抱歉的微笑。一眼就讓人覺得，阿倫是個疼老婆（怕老婆？）的好男人。

我的經驗裡，因性功能障礙而來求助的男人，總是好男人居多，總是太在意對方的感受，而忽略自己的感受，床上表現反而不如預期。

還記得遇見阿倫那天是個壞天氣，烏雲籠罩著灰暗的台北，看起來光鮮亮麗的莉莉，眼神陰鬱，從中能夠感受到她的失落和困惑，疑惑那個床上熱情如火的丈夫去哪了？診間裡，莉莉抱怨房事激情不再，找不回當初的那分甜蜜。

「請問，我老公對我沒性趣了，是不是因為我變胖了？」

「哪有，妳沒有變胖啊。」阿倫求生慾望極強。

「明明就有，結婚之後我胖了快十公斤。」

阿倫很努力安撫莉莉，「妳還是很美，妳別擔心。」

「那就是你不愛我了。」

阿倫顯得不知所措，低著頭來回摩娑著大腿，這動作讓他微突的小腹更明顯了。「我說過很多次了，我很愛你啊。」只能一直強調硬不起來，不是老婆的問題。但他也不知道自己是怎麼一回事。莉莉抱怨，結婚五年，只有前一、二年還不錯，上次成功做愛是在疫情前出國旅遊，在飯店發生的。

夫妻分開會談時，阿倫用無奈的口氣說著：「老婆就是我的菜，現在還是很吸引我。」他也不知為何，做愛時感覺自己成了一具軀殼，不舉的困擾曾驅使他前往泌尿科門診，希望找到一線希望。但他只得到了「生理上沒有問題」的檢查結果。這個結果，讓他很失望。

阿倫和許多陽痿病患一樣，很希望醫生宣布是身體出了毛病，不然不就是心理有問題才陽痿嗎？但事與願違，生理檢查之後，一切都沒問題。

拖著拖著又過了大半年，老婆實在受不了，半哄半強迫地帶著阿倫來性諮詢。他試著抬頭挺胸下巴上揚，渴望當個硬漢，無奈屌硬不起來。談話中，彷彿聽到他心裡的沮喪：「幹，我硬不起來了，好想死……。」

我靜靜地聆聽，企圖探索阿倫的內在迷宮，尋找埋藏已久的真正感覺。對話時阿倫逐漸拿掉壓在心靈鍋蓋上的大石頭，早已噗嚕嚕沸騰的內心壓力與不滿，也就脫口而出。從小，他就是一位逃避憂傷、逃避不快樂，因此「麻木」的小孩。他後來回想起來，發現從小就有「微笑憂鬱」的症狀，心中明明很痛苦，卻帶上微笑的假面具應付，甚至連他自己也沒有意識到。

國小在班級上無法適應時，最常用的武器就是「微笑」，伸手不打笑臉人，多笑總不會錯，但霸凌他的人還是不放過他，說他笑起來很憨是「憨憨的笑」而叫他「憨憨」。甚至一邊憨笑，一邊幫人跑腿、一邊被打，又一邊用無動於衷的微笑表達友善。

後來阿倫當上日商公司的工程師，這幾年來，主管拿走他的工作成果，他努力工作卻升不了職；家鄉爸爸中風，由年老的媽媽照顧，但最近媽媽開始有失智情形，老婆說要送養老院，父母不肯。身為獨子，常覺得很無力，感覺自己很不孝。一切的壓力都一點一滴侵蝕著他的身心健康。

阿倫平時沉默寡言，與朋友聚會也是報喜不報憂，頂多一起喝酒消愁，幹譙主管兩句。回家休息看個球賽，想安安靜靜消化一肚子的鳥氣，卻常常惹得老婆不高興。像按到開關一般，阿倫不停對我傾吐內心鬱悶的各種感受。

阿倫說：「我明明是來治療陽痿的，沒想到我卻說了這麼多，這輩子從沒和別人說過的話。」隨著治療進行，阿倫開始認識到，**他的陽痿其實源自於憂鬱**，他已經想不起上次感到開心是何時了。

他平時喜歡宅在家，當初和老婆會在一起，是因為二人都是兄弟隊的球迷，他懷念起和老婆徹夜看球賽的日子。一提到棒球，他就像是按到按鈕，如數家珍地聊起球隊最新的戰績與表現。阿倫接受我的提議，假日去棒球練習場打棒球，對準棒球用力打下去，想像那顆不是球，是主官拿他成果邀功的嘴臉。藉由每周打球發洩憤怒，加上每周一次的諮詢，似乎慢慢清理長久壓抑阿倫心靈門戶的垃圾。他重新評估他對於工作和生活的看法。原本討厭適應新的環境，不喜歡變動的他，決定接受另一家薪資待遇更好的公司，準備遠離有毒的主管。他性情溫和，本來不想惹事，想默默離職就好。諮詢後決定，把主管的所做所為都爆料在離職書上，為自己出一口鳥氣。

我也鼓勵阿倫把煩惱說給另一半聽，他終於和莉莉分享那些工作上的鳥事，主管暗地操作，吃掉他的成果，他自責太過天真相信主管，老婆只知老公工作有些問題，卻不知他近年來有這麼多的挫敗、悔恨與不甘心，得知後十分不捨。

生理層面上，陰莖只是一塊肉，感覺爽就勃起，承受壓力不是它原本具備的功能。但父權社會的文化脈絡，陰莖遠遠不止是一塊肉，對「陰莖」來說，「性」必然是一種享受，「陰莖」必然要勃起。如同男兒有淚不輕彈是一種社會標準，性與哭泣一樣，有著「男人就該要有男人樣子」的男子氣概。哭哭啼啼、表現軟弱「不是男人」，如同當男人對「性」表達出一絲半毫的抗拒與無能時，他便不是個男人。

莉莉早已習慣男人看到美女流口水，找到機會就撲過來的動物模式。對阿倫婚前肉食男，婚後草食男的變化很不解。我試著讓她理解性生活美滿與否，背後有著太多複雜的因素。

透過諮詢，我協助她面對了自己的容貌焦慮，擔心身材走樣的背後，是怕年老色衰不被愛的害怕與焦慮。我肯定著她做為女人在不同生命階段的美好，鼓勵她找到除了外貌以外的自我價值。原來她熱衷投資理財，雖然沒上班，但經濟條件比老公還好，她決定在網路分享投資心得，重新找到生活的重心。

婚姻關係中，會隨著時間和生活方式的改變，愛的感覺和性的慾望也會有所變化。然而，人們會濫用愛的觀念，作為一種要求或期望。莉莉面對阿倫失去熱情和勃起困難的問題，無法接受現狀，便開始使用「如果愛我，你應該……」的造句來要求丈夫。

比方說：

「如果愛我，要和以前一樣熱情喜歡做愛。」

「如果愛我，我想做愛，你就要馬上和我做愛。」

「如果愛我，看到我穿性感內衣就要興奮，用勃起來證明我的美麗。」

但勃起不是他能控制的。每一次莉莉這麼說，都帶給阿倫極大的痛苦。在旁人眼中，他算是人生勝利組，家有美眷、事業表現優異，因為性表現不符合期待，對自己，卻有著強烈的自我厭惡，內心有苦，卻不能、也不敢說出。

莉莉後來理解，不該將硬度、插入做為「愛」唯一的評價標準。

我的家庭作業之一，是要他們進行一場特別的約會，享受沒有插入的性愛。我教了他們許多按摩技巧與情趣用品的各種玩法，提醒他們把注意力放在擁抱、親吻以及享受彼此的陪伴，一起去旅館泡澡、幫彼此精油按摩。他們還一起挑選假陰莖的情趣用品，取名叫「小小倫」，說好不硬也沒關係，就讓小小倫來服務。

沒想到不去在意硬不硬的問題，阿倫表現比以往還要好。那天約會，他們享受許久沒有的甜蜜夜晚。老婆開心地和我說：「天啊!!那天我們還做了二次。只是隔天上班，他軟腳了，哈哈！」

還記得阿倫那天被老婆帶來門診求助，那個背影彷彿承載著他內心的壓抑和困惑，顯得低落而疲憊。最後一次會談，他的語氣透露著輕盈和釋放的感覺，重新找回了內心的自信。事實上，阿倫是幸運的，許多男性自己前來解決性困擾，是不想讓老婆知道的。獨自處理自己的性煩惱，又同時面對伴侶的不理解，處理心因性的陽痿並不容易，沒有人協助一起面對處理親密關係，要解決勃起功能障礙，將會增加許多難度。

希臘神話裡英雄的「阿基里斯腱」，指的是人體中最粗壯有力的肌腱，是小腿後側的肌腱，約有十五公分長。此部位用希臘神話裡的英雄「阿基里斯」來命名，是因為這是神話裡英雄身上唯一的弱點，後來被敵人射中腳後肌鍵而死。

男性的陰莖無論是現實或隱喻，都可能象徵著身心健康中最脆弱的部分。就像阿基里斯的肌腱一樣，男性將陽具視為自己的延伸，一個外在於自己的象徵，而陰莖承擔著讓女人性愉悅的責任，所有潛意識裡男性最不想面對的感覺，都在這裡暴露無遺，成為男性難以控制的弱點。

性治療師的溫馨小提醒

床上高潮雙人舞密技，練習情趣按摩①

獨樂樂的會陰與陰囊按摩：不只探索性敏感外，還能透過按摩，刺激陰莖血液循環和神經敏感度。

第二個故事

性無能還是愛無能，夜夜笙歌的海王突然再起不能

小威是一個二十歲出頭的男孩，個頭不高、長相普通，左耳帶著有個性的耳環，言談中透露出一切都無所謂的氣質。如果不是在諮詢中得知，他年紀輕輕已是百人斬，光從外表完全看不出來，他會有如此豐富的性經驗。

小威白天當業務，晚上泡夜店，某天一如往常下班便往夜店跑，運用純熟的搭訕技巧，順利約到一位漂亮的女生，開了房間脫了衣服，卻發現自己硬不

起來。小威從來沒有這種狀況，本想是自己太累，後來試了二、三次都這樣，難道自己陽痿了?!看了很多網路資訊、找了泌尿科醫師，都沒有好轉，想到自己還這麼年輕就不行了，這還得了，情緒大受到影響，工作表現大為失常。

小威輾轉找到性好門診和我求助。言談之間充滿自信，卻很少與我眼神交流。小威有個嚴格的父親，成長過程中，他彷彿永遠達不到父親的要求，父親在國小因病去世，他轉而由養父母帶大。他抗拒這樣的安排，因此與原生家庭的母親、姐姐關係不佳，也和養父母非常疏離。孤單長大的他，所幸遇到學校社團老師格外關心，他心中有了溫暖，開始有動力學習讀書，功課名列前茅。

一次，小威在交友軟體上認識一位住高雄的女孩，她其實在高雄已有男友，到台北工作出差一個月，女孩想找「開放關係」，是不想讓男友知道的那種。他很喜歡這個女孩，願意成為她台北的男友，渡過甜蜜的一個月。

明知這是一場短暫的戀情，男孩仍無法自拔地愛上了她，暈船了。女孩想要一個輕鬆沒有負擔的短暫關係，男孩的愛太過沉重，她毫不眷戀地分手。小威過往生命貧乏而蒼白，第一次感受到與另一個人結合的親密，甜蜜的悸動讓他耽溺其中，無法承受失去愛情的空洞。

小威求助精神科醫師，抗憂鬱藥物導致他嗜睡不適，幾次之後就不想再吃，朋友看他痛不欲生，帶他去夜店放鬆心情，炫目的燈光、震耳的音樂讓他轉移內心的刺痛，夜生活多得是出來放縱一下的迷人男女，順利約到幾次一夜情下來，他發現自己找到不用靠藥物就能身心舒暢的方法。

從此夜夜笙歌。

小威的大學生涯都在泡夜店，約炮如同吃角子老虎，每天遇到的女生都不同，外在條件普通的他，有時會中到大獎找到條件很好的女生上床，憑著厚臉皮勇於試錯與直覺，他迅速累積各種性經驗，從其他朋友羨慕的眼光中找回自信，感覺自己很罩，累積著數字，計算著到底自己和幾個女生上床。他發現愈不在乎女生的感受，這些女生愈在乎你，甚至有女生倒追他。雖然這些性經驗帶給他刺激、新鮮與滿足；代價是他再也沒有感受過戀愛的心動。

小威自然沒心思投入課業，只勉強混到畢業。成為社會新鮮人，工作結束疲憊地回到家，一個人的孤單讓他難以忍受，逼得他仍然延續過往的習慣，繼續過著靡爛的夜生活，直到陽痿讓他停下來。

小威上網積極尋找陽痿的治療方式，找到了創辦性好門診的陳光國醫師，經過他詳細的檢查，生理功能一切正常，正值青春年少、沒有家族病史、慢性病，有晨間勃起，自慰時勃起都很正常，確認陽痿不是生理因素之後，陳光國醫師轉介過來進行性諮詢。

透過每次的會談，剝洋蔥般一層一層的剝掉他內心的防備，協助他傾聽探索自己的內心，並問自己：「我在夜店玩樂好幾年，我到底在幹嘛？這真的是我想要的嗎？」

原本抗拒的他，終於對自己坦誠，他早就已經厭倦深夜不歸，頂著黑眼圈找不同女生上床的生活。我進一步問他：「陽痿這件事，如果有什麼意義，你覺得它要告訴你什麼？」

「其實我要的是愛情。但和不同的女生上床的次數愈多，我和愛情的距離就愈遠，很多女生明明有男友，還來夜店玩，我早已不相信愛情。身邊的人都叫我再去談戀愛。我也想啊，難道我不想嗎？但沒感覺就是沒感覺啊。」

我說，他真正的問題是愛無能，而不是性無能。

理解內心的癥結所在，他試著再去夜店找女伴做愛。我同時也教他如何和女伴說只是「抱睡」，有生理反應後再自然而然發生性關係，減少心理壓力導致的陽痿問題。

嘗試過後，他再次回到診間，開心地說：「成功了耶！其實我根本沒病。」重拾信心的他，覺得自己已經好了，不需要再來找我進行治療。

我提醒，你心結未解，還是有可能復發哦。

「什麼，有可能復發！」聽到這裡，他才願意往下談。

當我引導這位防禦心強的男孩，感受內心住著的孤單小男孩，一路慢慢從童年經驗開始談起，現在的他了解，父親早逝、養父母忙於工作很少互動，遊走二個家庭卻都得不到關愛，讓他從小便極度渴愛，內心的小男孩讓他感覺脆弱又無助。我邀請他回到那個把愛情當作唯一的幸福可能，受控於強迫意念的自己，試著問：「為什麼我當時無法從這段關係走出來？這個女生明明有男友，為什麼我要談一場沒有結果的戀愛？如果重新來過，我會選擇泡夜店逃避痛苦嗎？」

他太喜歡那個女孩，只要能和他在一起，他願意付出一切所有，即便只有一個月，他也願意。他不知道，原來愛情不是說放就能放的。情傷了，離開了，心碎了，這個痛何時結束？我要何時才能振作起來？這個傷口會好嗎？我還能再去愛嗎？

原來，我的陰莖在提醒我這件事。

現在的他，了解每個人的生命或多少都經驗過這些失落的時刻。如果再來一次，他不會沉迷夜店或待在家裡痛不欲生，與其渴求得不到的愛情，不如讓自己成長變得更有能力。

他認清自己不想再流連夜店的事實，也接受目前不想談戀愛的自己，現在只想把業績做好做滿，下班衝健身房，運動後的舒暢感，拿到業績的成就感，成了他目前的快樂來源。

我尊重他的選擇，也為他送上祝福。最後一次會談，我送他一張卡片作紀念。卡片上寫著：

「謝謝你和我分享生命故事。即使愛情會傷人，愛情仍是生命中最值得的冒險旅程。讓自己不要白白受苦，學習如何在傷痛中獲得領悟成長，才是這場失敗的戀情裡最重要的事。人生，就是一場體驗，無論你的選擇如何，祝福你享受你這個年紀才能體驗的青春吧。」

愛慾有如風中的燭火，它的感情輪廓不斷地向著不同方向延伸，不斷受到各種隨機事件的影響，新世代在愛情中遇到挫折便放棄的狀況，似乎比上個世代多更多。正如作家黃明堅所說：「失去和獲得，都不是人生最重要的東西，最重要的，是走下去。」好不容易遇到心動的人，想要好好談個戀愛卻不容易，戀愛裡的溝通、互動的人際關係技巧，都是學校沒有教的不可控因素。

科技、網路改變了一切文明發展，包括了性。如同 ChatGPT 的橫空出世般，隨著使用者的態度產生了極端的差異。許多人自行摸索使用這項工具，像開外掛般多了一項好用的工具，但引發過度依賴而影響學習；反之，不會使用或抗拒新事物者，卻仍對 ChatGPT 知之甚少。

性擁有的強大的作用力，與 ChatGPT 有點像，具有冒險性的年輕人，在家庭、學校都不教的狀況，自行探索發展出一套方法，掌握了性慾的遊戲規則，成為為海王、海后[7]、渣男、渣女，利用人們對性與愛情的渴望，使用「放線」、「漁場管理」來操弄人性得到慾望的滿足，卻在人生裡迷失方向。

反之亦然，有些年輕人面臨著過度保護的環境，缺乏情感和性教育的指導，導致他們在面對性和情感時感到困惑和無力，因無知或缺乏引導而受到傷害。

7 「海王」、「海后」出自抖音爆紅影片，「本以為走進了哥哥的心房，卻沒想到只是游進了哥哥的魚塘，以為哥哥只有個魚塘，沒想到哥哥是個海王」，從此海王海后成為渣男渣女的進階代名詞。

性治療師的溫馨小提醒

床上高潮雙人舞密技，練習情趣按摩②

除了親密的情趣按摩外，擁抱、親吻、撫摸，別只當成前戲暖身，快速帶過而已。好好的擁抱、好好的接吻、專心的撫摸，帶來的親密感是不亞於性高潮的愉悅度。

第三個故事

陽痿諮詢一次就好，性治療有時也是社會性創傷治療

志明是個資優生，父母都是醫生，獨生子的他備受寵愛，從小到大名列前茅，拿獎學金拿到手軟。父母很愛炫耀兒子的功課，老師也因他的成績優異，對他特別疼愛。

國中同學們瘋傳A片連結，他就發現自己對女生的裸體一點興趣都沒有，反而對男優很有感覺，默默地上網找了男同志的A片打手槍。他告訴自己，一

輩子都不要談戀愛，他無法想像身邊的人知道他是同性戀，會用什麼眼光看他。

除了保持功課的優異之外，志明的嗜好就是回家看男男A片，睡前尻一發放鬆睡好覺。他考上理想中的大學之後，身邊的同學過著多彩多姿的大學生活。而他對於玩社團、聯誼、泡夜店，這些他都沒有興趣。上課、下課、回家上網、找男男A片打手槍，大一就這樣平淡無奇地渡過。

日子一天天過去了，不出意外的話，就要出意外了。

大二開始，志明一如往常的打開電腦，找他有興趣的影片，但找來找去都找不到。好不容易找到了，卻發現陰莖無法勃起，本以為是自己太累了，誰知，後來的每一天，打開電腦備好紙巾想放鬆一下，他都因為勃起困難無法自慰。

他上網找了許多資訊都沒效，直到來找我諮詢。

他很擔心地說：「是不是每天都打手槍，打到壞掉了？」並仔細說出發現自己陽痿的過程。

我發現氣質陰柔的志明，什麼都講，就是不提自己的性向。直到我問，你有女友嗎？他搖搖頭說：「我喜歡的是男生，但我還沒有談過戀愛。」

「你是說，你還是處男？」

他低下頭，沉默一會兒，點點頭說：「反正我這一輩子都不想談戀愛。」然後話題又回到他所擔心的事：「我才二十歲怎麼會陽痿？我擔心身體出什麼狀況。」

我和志明聊起從國中就開始看的男男影片，討論他最喜歡的A片類型。他說喜歡有劇情的，有前戲的，不喜歡一下子就開始真槍實彈。我問他有喜歡暗戀的對象嗎？他說，有。但對方都有女朋友。

「我是你人生第一個出櫃的人嗎？」

「對，我從來沒有和任何人說，我是男同志。」他身體僵硬，用輕描淡寫的表情說。

「我可以擁抱你嗎？」

他有點驚訝，但還是點點頭。我站起來，他也跟著站起來，他略微笨拙地輕輕抱了一下我。我在他耳邊說：「謝謝你信任我。」

「你一個人帶著祕密，沒有和任何人說，感覺好孤單啊。你不敢說的原因是什麼呢？」

志明緩緩說出埋在他心裡很深的一件事。「記得有一天，全家人出去吃飯，我們從一對穿著大膽手牽手的男同志情侶身邊經過。爸爸很不悅的說，不男不女還敢光明正大出來，他的爸媽不知道是怎麼教的，怎麼會這麼不要臉。爸爸厭惡的表情，讓我很受傷。那時候我已經會看男男A片打手槍了。我覺得我很爛，我很糟糕。後來台灣推行同婚法，我身邊的人都很不以為然，對待同志的態度都在冷嘲熱諷，雖然沒有人知道我是男同志，但聽到那些充滿惡意的話，我覺得很可怕。」

我很心疼他的處境，我把他的故事，重講一次：「有一個小男孩，他很渴望得到愛，但他發現他愛的人是男生，和別的男孩不一樣。他發現這個世界喜歡大家都一樣，所以他必須把「自己和別人不一樣」這個祕密藏起來。但是晚上一個人的時候，他可以透過電腦網路做一個美夢，睡覺前，想像和喜歡的男生做愛，打個手槍讓他感覺很放鬆，可以紓解升學帶來的壓力。

「但小男孩考上大學，是個大人了，他還是不敢在現實世界去尋找愛情。打手槍變得愈來愈不好玩，現實也變得愈來愈無聊……。於是……」

我鼓勵志明用故事接龍的方式接續這個故事。他說：「他變得很不快樂，沒有什麼事情能讓他開心起來，連最愛的『看A片打手槍』都變得沒感覺。」

我接著說：「因為看A片打手槍變得很無聊，所以，他的陰莖硬不起來了。」

他點頭：「對。」

我們一句接著一句：「那你覺得，他該如何做，陰莖會像以前一樣硬起來？」

志明說：「我覺得他需要真實的對象來做愛。但他經常聽到負面的新聞或評價，覺得男同志很髒，濫交約炮吸毒，所以他很排斥。」

「異性戀就沒有濫交約炮吸毒嗎？」

「也有啊。」

「只針對某一群體，放大他們的負面新聞，是不是也是一種歧視呢？」我溫柔地直視他的眼睛。

「對，我覺得台灣同婚法雖然通過，但說真的，有些人還是會用異樣的眼光來看同性戀。像是我爸爸媽媽，知道我是同志，一定會打死我的。」

讓我們回到小男孩的故事。

剛才我問你，如何讓男孩的陰莖再硬起來，你說「小男孩需要真實的對象來做愛」，這件事，你有什麼看法？

志明說：我相信，一定有和我一樣認真談感情的男孩，我只要認真找到這個人就好。

「太好了，你找到了生命中很重要的目標了。」他點點頭，眼睛亮起來。「祝福你找到美好的伴侶。你覺得今天的諮詢對你有幫助嗎？」

「有的，我第一次承認並接受我是男同志，之前看男男打手槍，我都會有自我厭惡感，打完手槍也很空虛，今天談完，我有一種輕鬆開心的感覺。」

本來預約一周後會談，過幾天志明傳來訊息：老師，謝謝你的協助，我回家打手槍，勃起沒有問題了。如果我交到男朋友，再和你分享這個好消息哦。

就這樣，只是一次的諮詢，就「治好」了志明的陽痿，因為他根本沒有性功能障礙。性治療不只是個人生理或心理的問題，更關乎社會結構如何看待性或性別，污名與歧視深深影響我們的身心健康以及自尊，也很容易影響性功能，許多人深受其害。對我來說，性治療即社會治療，以同志原罪為例，男同志集體的社會性創傷，經常在個別的性功能障礙中呈現。

性治療師的溫馨小提醒

床上高潮雙人舞密技，練習情趣按摩③

眾樂樂的陰道按摩與指交：親密性行為時，不只有陰莖進入陰道抽插才能彼此享受高潮。給予伴侶陰蒂與陰道按摩，也能使伴侶達到陰蒂高潮。使用手指代替陰莖進入陰道內，可別只用陰莖兄弟衝刺的邏輯。手指可以輕柔地進入陰道內轉動、滑動、以手指尖觸壓陰道壁，尋找G點，與此同時更好觀察伴侶的反應來配合節奏，探索敏感帶與興奮的抽插方式。

第四個故事

陰莖是幸福的指南針

體型高大略顯福態的裕明，走進諮詢室，表情陰沉。他是很年輕就確診糖尿病的患者，那天喜歡做足前戲的他，正要提槍上陣，卻發現突然親愛的小兄弟完全沒反應，他內心的恐懼突然整個湧起，他內心大感不妙：「事情大條了！」他想起那些報章雜誌，都說糖尿病有很多合併症，有可能導致陽痿。

「天啊！不要吧，我才三十歲而已。」裕明在內心吶喊著。他坦承自己長期以來忽視血糖控制，遲遲無法接受年紀輕輕就得到糖尿病的事實，不重視飲食控制、也不測血糖也不吃藥打針，反正得到糖尿病也不痛不癢，過一天算一天。

其實裕明的擔心並沒有錯，男性勃起能力主要為充血及神經作用，糖尿病會不會影響性功能，關鍵的確在於血糖控制。血糖控制不佳或經常處於高血糖的狀況，容易導致血管或神經病變，從而影響勃起功能。但其實臨床上因為糖尿病而導致陽痿的案例並不多，除了血糖控制之外，還有另一個同樣重要的影響因素可能是「心理作用」。

有些患者了解糖尿病有可能導致勃起障礙之後，在潛意識中受到心理影響，造成過大的心理壓力。這些心理因素可能對生理功能產生負面影響，尤其是對性功能造成問題。醫學研究早已證實這些心理影響的重要性。總之，心理因素可能在糖尿病患者中引發性功能問題，超越了僅僅血糖控制的範疇。

面對內心得知糖尿病的感受，他低下頭悔恨說出，當年用快速增胖的方式逃避兵役，搞壞身體而得到糖尿病。裕明原本想要出國念書，所以不想浪費時間當兵，看朋友大吃大喝的增肥，還可以不用當兵，心裡很羨慕。看到電影明星為戲宣傳，增肥、減肥像是家常便飯，哪知發生在自己身上卻是一場悲劇。

他猛喝米漿、吃最愛的甜食增重十公斤，後來卻減不下來，胖是胖在脂肪，減是減在肌肉，體脂和血糖最後變得很高。

原來，糖尿病對他而言，不只是生理上的疾病，更是一種心理上的創傷。如果他無法釋懷當年得不償失的行為後果，他就無法學習糖尿病的自我照顧方法，難以好好與糖尿病和平共存。這樣下去，他的勃起功能障礙只怕將與其他合併症一起惡化下去。如此周而復始、惡性循環，身心健康與性生活都令人擔憂。

請問你得到糖尿病那年幾歲呢？「二十三歲。」

「我想邀請你想像一下，」我指著旁邊的空椅說，「你有看到那個二十三歲的你，坐在這個椅子上嗎？」他有點錯愕地看著我。

我說：「這件事已經過了七年，得到糖尿病是事實，但你的內心一直有一個無法接受自己有糖尿病的裕明。」他點點頭，神情有些激動。

「那時候的他還年輕，不知道該這麼辦，你願意跟他說說話嗎？」他看著空椅，如同看到當年的自己。他默默的看了空椅好一回，久久之後爆發出一句：「你原諒自己好不好?!」

出乎意料地，他猛然嚎啕大哭起來，激動的哭聲連外面候診的人都聽得到。我遞給他衛生紙，他用力地擦著臉上眼淚鼻涕，桌上很快就形成一座衛生紙小山。

我請裕明站起來，然後調換位置坐到那個代表二十三歲的空椅，而我坐到裕明原本的椅子，對二十三歲的裕明，提出一個問題，「我是三十歲的裕明，如果我們現在一起重新學著愛自己，還來得及嗎？」裕明點點頭，擤了鼻涕之後說：「雖然我希望我們可以早一點想開，但是，該發生的已經發生了，你不要再拖了，只要從現在開始，一切都還來得及。」

這個空椅技巧，像是乘坐時光機一般，幫助裕明重現難以面對的過往。老實說，我有點焦慮裕明是否能進入狀況，但效果出乎預料地好。

經過那次諮詢，他請我介紹內分泌的醫生給他，我同時也轉介營養師給他做詳細的飲食衛教。他喜歡熬夜、愛和朋友通宵吃快炒、唱歌聚會，看來他有許多需要調整生活作息的地方，我花了很多時間，配合他原本的生活習慣，擬定短期、中期、長期的健康計畫，以控制好血糖。並建議他做「壺鈴運動」，這個運動很適合他，又能控制體重、維持血糖，同時能增強性能力。

裕明原本的運動習慣只有周末跑步，但運動量還是太少。幸運的是，他很喜歡壺鈴運動，在辨公室或家裡各放一顆，想到就可以練。還找到專業的壺鈴教練一對一學習壺鈴。自從練了壺鈴，勃起情況明顯改善，女友還抱怨他做愛太大力了，她受不了。壺鈴運動的鍛鍊能訓練全身的協調力，而這正是床上功夫所需要的，可以讓他做愛時，邊深情親吻邊愛撫插入，而不會手忙腳亂。男人在做愛時最主要的肌肉群就是大腿後側，所以伴侶的反饋才會是「你怎麼那麼有力？」。

一年後的裕明，氣色明顯改善，體態精實很多。飲食方面，針對營養師的衛教，他做了許多嘗試和努力，有些不適合、有些逐漸與原本的生活作息結合在一起。睡眠充足、控制血糖、注意飲食，這些都是他陽痿治癒的原因。

看著裕明從逃避到積極主動，轉而勇敢對自己人生負責，我有許多感觸。他是心因性與器質性相互影響的「混合型勃起功能障礙」的案例，難度較高。現在的他，終於可以好好與糖尿病相處，這個過程關卡重重並不容易。

陰莖是幸福的指南針，也可以說是男性的自我照顧指標，許多心血管的疾病徵兆是勃起功能障礙。在我協助男性的經驗中，也發現陰莖像是男性的專屬心理師，用不舉來要求男人應該面對的心理議題。裕明花了很大的心力，透過陽痿的症狀，去學習傾聽內心的聲音。也希望更多的男人，不再逃避得過且過，開始認真對待自己的身心健康。

♂ 性治療師不外傳的祕技

硬起來自救守則

男人硬起來第一條自救手則，就是打破迷思

請用身邊隨手能拿到的任何一隻筆，把下一頁的「**一個健康男性不論何時何地都應該能勃起。**」

打個大ｘｘ，或是用塗鴨填滿整個頁面。

「一個健康男性不論何時何地都應該能勃起。」

第二條自救守則：先別自己嚇自己

每個男人幾乎都會偶發陽痿，像是和女神約會調情太興奮、前戲太長，屌再硬都不敢冒犯女神，乖乖硬著等時機，終於等到女神準備好，終於屌可以正式上場的時候，就常發生軟屌的尷尬情形。或是平時做愛好好的，一旦要載套就軟屌，這是一個需要重視的狀況，很多非預期懷孕的悲劇，來自於此。

做愛過程順利想換個姿勢卻突然軟屌，或做得太激烈或陰道興奮收縮太用力壓迫到屌，感覺有點痛也會軟屌，這些都是常見的身心混合性的軟屌症狀。以上都是你的屌在提醒你，「我不是一根鐵棒，我也是肉做的」。偶爾軟屌，不是世界末日，或許是暫時現象，太過擔心，反而會加重症狀，先別自己嚇自己，來個自我檢測吧。臨床上將勃起硬度分為四級「小黃瓜」、三級「帶皮香蕉」、二級「剝皮香蕉」以及最嚴重的「蒟蒻」。三級以下即可定義為勃起功能障礙（ED）。

你是蒟蒻高風險族群嗎？以下症狀你中了幾樣？

- 晨間勃起停止或開始變少。
- 頻尿和夜尿次數變多。
- 勃起硬度變軟或持久度縮減。
- 性慾減退。
- 日常感到焦慮、壓力大、失眠。
- 生活習慣不良（久坐、熬夜、無固定運動習慣）與酗酒老煙槍。

◉ 慢性病如三高（高血壓、高血脂、高血糖）、糖尿病、攝護腺疾病、神經系統病變（阿茲海默症、巴金森氏症）、精神疾病患者（憂鬱症、焦慮症、躁鬱症等）與體重過重、肥胖者。

除了以上健康問題，長期服用藥物，如鎮定劑、降血壓藥物、抗憂鬱症藥物等，或是本身已經有荷爾蒙失調、神經與血管問題，也容易造成陽痿不舉，也會造成勃起困難。如果你有以上的身體問題，你的屌其實是在好心提醒你，兄弟，你該好好照顧自己了。

晨勃是關鍵，找回那些被屌硬醒的日子

陽痿分為三類：生理（器質性）成因、心因性或混合生理與心因成因。了

解你的晨勃，就可以了解現在的你處在什麼狀況？

1．做愛軟屌，很久沒有晨勃：健康狀況可能已經出問題，或因自然老化而表現大不如前，應屬於器質性陽痿。假使晨勃不理想，即使行房時勉強可以勃起，但通常不會太理想，可能仍有潛在的問題。

2．偶爾晨勃不佳，做愛勃起還行：這又可以分成兩種情況。

◉ 短期（約三個月）晨間勃起不好，但做愛表現還行，那麼很可能只是因為早上醒來時剛好沒有遇上勃起，不需要太過焦慮，通常是你勃起，但你沒發現。晨間勃起只是一個迷思，有些男人會在午覺或深夜勃起，只是晨間勃起是快速動眼期階段的效果。

◉ 一段時間沒有晨勃，雖然行房時還能勃起，但容易因為一點小狀況陰莖就軟掉。屬於輕度勃起障礙，應視為警訊。反映的是身體已經出了一些小狀況，還可能夾雜著心理因素，例如對自己過多的評價與焦慮，以及因為焦慮而「想要更好」，而沒有專注在自己的感受上。

3．晨勃沒問題，但提槍上陣就罷工：可能是心因性陽痿，如壓力大、情緒差、或行房時受到當下環境的影響等。

密技：用郵票，在家完成自我檢測

利用郵票檢測比較容易被忽略的夜間陰莖勃起（NPT），除了可詢問枕邊人是否有發現勃起現象外，也可以準備四張連著的郵票，在睡前環繞貼在陰莖根部。隔夜起床時，只要連孔處有斷裂，則說明陰莖仍有勃起功能。陽痿原因多重且複雜，請先在家自行使用「居家郵票檢測」，確認是否為生理問題。

如生理檢查找不到陽痿的原因，有可能為心因性陽痿或是心因性與器質性相互影響的「混合型勃起功能障礙」。有任何疑慮，可尋求泌尿科醫生做進一步檢查與診斷。

第三條自救守則：也許你該找人聊聊

許多男人無法接受自己是「心理」而不是「生理」問題，期待自己看個病、做個檢查、吃個藥就能解決。可惜許多陽痿都是心理因素居多，如果你已做完以上居家檢測，發現你還有晨間或夜間陰莖勃起，恭喜你，你沒有生理上的問題，你會陽痿，或許代表你的內心或生活，可能有著自己都沒有察覺的困擾，你的屌想透過罷工抗議，告訴你一些重要的訊息，屌其實是為你而煩惱，正在代替你求救著。

建議尋求有專業背景的性治療師或心理師，接受進一步心理治療與性諮詢。性諮詢、心理治療跟吃藥不太一樣，通常不會立即見效。心理治療通常會經歷一個自我覺察，探索與整理內心的過程，而在這個過程中，可以為原本的性問題帶來新的看法，甚至會幫助你用全新的角度看待自己的人生與親密關係，進而解決「陽痿」問題。

第四條自救守則：必殺技「壺鈴運動」

許多研究指出，壺鈴運動是一個很好改善陰莖勃起硬度與強化性愉悅的運動。也是我在診間實測有效的方法，求助者通常只需要每日十分鐘，持續三個月，陰莖充血效果就會有明顯進步。

壺鈴稱為「在家的迷你健身房」，它是在家裡就可以做的運動，沒有下雨天不去健身房偷懶的理由，建議擺一顆在客廳或「故意讓自己看到的空間」想練就練。如果是做俄羅斯壺鈴更可以訓練全身協調力，以及大腿後側的肌肉群「髖鉸鏈」，這是男性在做愛時最需要用到的肌肉群，同時也能改善陰莖的血液循環。

壺鈴並不是「練越多越有效的運動」，只要每天十分鐘，就有明顯的效果。重點不是運動量，而是「怎麼鍛鍊」。以最簡單的「壺鈴擺盪」（Swing）來說，可以採取ＲＰＭ（repetitions per minute）訓練法，也就是「每分鐘訓練Ｘ次」訓練法。例如計時一分鐘做十下壺鈴擺盪，一分鐘時間到了才能做下一組十下，並依照自己的能力每一次訓練調整每分鐘擺盪的次數。

重訓容易有運動傷害，建議尋求專業教練指導，上手後再於家中自主訓練。懷念被自己「硬」醒的日子，從每日壺鈴運動做起！請男人拿起這個沉重的小圓球，一起來擺盪吧。

第五條自救守則：容許陰莖放假，來個無屌休閒日

當你找專業人員協助改善陽痿，需要一段時間與過程，既然你的陰莖暫時不聽話，不如讓它放風。許多心因性的性問題，只是陰莖短暫的罷工抗議，男人承擔了太多的責任，連在性愛中的高潮責任都要男人負責，有時難免產生了心理壓力。當自己的伴侶使用按摩棒自慰，很多男人都擔心，自己的肉棒比不上那根傢伙。女性心理學家指出，「陽具崇拜」是男人發明出來滿足自己的幻

想，對大部分女人來說，不見得有這回事。在性愛過程中，目的是讓女性感受到被愛、被看見、被珍惜。相同地，對於男性也是。享受性愛的歡愉，不見得全要靠陰莖。與其每天焦慮弟弟為何硬不起來，會讓心因性的陽痿更嚴重，不如轉移注意力，好好花點時間用心學習性愛，往往讓伴侶更受用。

男人太把「屌」當一回事，以為屌是世界的中心，地球是圍繞著屌轉的，於是硬不硬、行不行，是件無比重要的事，反而容易造成陽痿。每個女人都應該教會男人緩慢性愛，發揮想像力，來一場無屌的性愛，讓女性內心感受到被愛與尊重。就用想像力與創造力來減輕陰莖的重擔吧！設計幾種情趣遊戲，讓陰莖休假時，依舊享受性愛的歡愉，還在探索階段時，可以從市面已有的情趣商品裡尋找靈感。

第 二 章

早洩

快槍俠是怎麼煉成的？

早洩其實是很常見的問題，從第一次打手槍開始，年少的你就因為怕被家人發現而要求自己快射。學生時代沒有自己的個人空間，打手槍總是緊張兮兮，想要速戰速決。進入職場之後，現代社會的快節奏，讓人喘不過氣來，工時長、壓力大，伴隨著隱性的情緒勞動，一再消耗我們僅有的能量。心理學大師佛洛姆早在六十幾年前的著作《愛的藝術》中就說過：「我們整個工業體系鼓勵的恰恰是相反的觀念：快。我們的所有機器都是為了求快而設計。……現代人覺得，如果他做事不快一些，就會有所損失：損失掉時間。但他又不知道怎樣使用省下來的時間，只能想辦法把它『殺』掉。」

佛洛姆他老人家說的沒錯，很多男人迫不及待，快速把工作做完，回到家只想放空消磨時間，看A片、欽點後宮的AV女優，配個啤酒打個手槍，自慰是最好的放鬆方法。

早洩成了現代文明病。

你知道，你正在用一生的時間練就早洩嗎？

「打手槍」的重點來自於「射精」，每一次的射精，都是一次不會讓人失望的高潮，拿衛生紙擦一擦，就可以很放鬆地睡個好覺。你的屌兄弟被你長期進行「快速射精」的練習，導致和伴侶做愛時，你的屌已經被你訓練得很敏感，受到刺激就想射精。

對於早洩的定義，因個別差異和研究方法而有所不同。有些學者將早洩定義為：生殖器進入陰道前或進入陰道後一分鐘內即達到射精。

許多研究表明，一般男性平均在陰莖進入陰道後三到五分鐘內射精。但這個時間很尷尬，男性性高潮已結束，女性的性慾還未喚起，二個小時的摩鐵時間，竟是如此漫長。所以也有專家認為時間、次數不是重點，只要是自己無法控制、或無法使性伴侶滿足即射精，即是早洩。因此，早洩的定義可以是一個相對的概念，有專家認為，只有當早洩在大多數性行為中頻繁發生，且影響性關係時，才是符合早洩的標準。

事實上，根據統計，台灣約有近三分之一的男性受到早洩困擾，但願意尋求專業幫助的卻寥寥無幾。儘管有不同的定義，但大部分專家都同意，早洩與射精時間、性經驗、性興奮程度以及情境有密切關係。

其實，許多男人只是沒有學會正確對待身體的方法，自慰的方式不對，就會導致「假性早洩」[8]。加上男性初次與心儀對象發生性關係時，面臨刺激的情境和壓力，導致第一次做愛早洩，第二次也早洩，這只是尚未適應初次性刺激經驗的正常現象。幸運的話，有些男人會隨著逐步適應，射精時間通常會恢復正常。

但有些男人就沒有這麼順利了，過度在意性表現，因此產生「預期性焦慮」，因為過度擔心，沒有及時改善，久而久之長期下來，很容易弄假成真。

本章節的故事，會讓許多男人心有戚戚焉，本書的一大重點本章最後「超屌教戰守則」，是性治療師不輕易外傳的祕技，也是所有男人都應該學會的自我鍛鍊技術。學習正確的自慰方式吧，讓每一次的自慰，都變成你的幸福持久練習，從現在開始，永遠不會太遲，想做多久，你說了算！

無為而無不為，有自制力的男人最性感

「性自制」對有些男人來說，很難；對屌而言，當然更難。男人的屌，就

8 每一個男孩和女孩都曾經是母胎單身，但文化對於初夜，卻有不同的想像和期待。女孩的保守和害羞在文化上是被鼓勵的現象，但卻常常期望男孩自動就懂得如何進行。缺乏性經驗的男性，無論在生理（陰莖）還是情感上（對性的渴望），對性的閾值都較低。尤其是初次經驗，即使是較小的性刺激，也可能引發射精反射，甚至在插入陰道之前就射精。

像巴夫洛夫的狗，被制約了一輩子。像常見的例子：「這女人穿得這麼性感，就是來誘惑我的。」很容易啟動「有刺激就要硬，硬了就要插，插了就要射」的模式，本來可能是個浪漫的約會，卻因男人太過猴急而讓對方幻滅泡湯，談戀愛約會該享受的是情愛卻急於性愛（約炮除外），如果擦槍走火，約會強暴可能就會不小心發生。也許是A片實在看太多，男人太容易腦補，事實上，女生約會穿著性感，只是希望自己迷人有魅力，和對方要誘惑你，想和你做愛是兩件事，更何況只是穿著性感走在街上的女生，經常被男人在心中默默想著：「她穿得這麼騷，就是要讓我幹的。」女人如果有讀心術，聽到這種心內話，很難沒有不寒而慄的感覺。

「看到美女欣賞而不意淫」聽起來像講幹話，事實上，這是性智慧，「人品」會從你的言行舉止透露出來，讓女人愛上你就不是難事了。日常對屌進行「反」制約洗腦，「硬了不一定要插，插了不一定要射」，即使想得不得了，還是要練習自我控制的紳士精神，好好對峙精蟲衝腦，太過興奮不小心就射的早洩症頭。

男人們，無論你有沒有早洩，你都可以更持久。但如果有人宣稱一招半式就可以做到的，那一定是騙你的。學習如何對待自己的感受、學習放鬆、降低陰莖敏感度、鍛鍊陰莖持久度，在性情境中學習，累積經驗記取教訓，看見其中的問題與調整做愛節奏，你一定可以練成男人夢寐以求的持久術。

村上春樹《挪威的森林》裡的性智慧

村上春樹裡《挪威的森林》的渡邊，就是這樣得到綠的心。小說中，主角渡邊與綠互動方式，是許多女性想要的對待方式。有一個場景描寫，讓我印象深刻，「我在綠的小床邊一面好幾次快要跌下去，一面一直抱著她的身體。綠把鼻子貼在我的胸前，把手放在我的腰上。我右手摟著她的背，左手抓住床框支撐著身體以免跌落床下。……，我的鼻尖抵著綠的頭，那剪得短短的頭髮不時弄得我的鼻子癢癢的。」小小的床，擠著二個彼此心儀的男女，渡邊卻只是說著情話，將綠哄睡，起床喝啤酒看看書。

依「直男邏輯」可能會覺得綠都把渡邊帶回家了，代表綠就是想要做愛。二人擠在小床，就是默許渡邊可以吃掉綠。這樣的情境很常見，可惜的是，男女經常會錯待彼此。男人在意的是，有沒有做，有沒有插；女人在意的是，有沒有被珍惜，有沒有被好好對待。

當男人自以為是的潛規則，遇到女人說不清楚想要被愛的期待，約會很容易從浪漫變調，甚至女生事後感覺不好，演變成約會強暴都時有可聞，想要女人愛上你，學學渡邊吧！

有品質的性，不代表一定要插入。我知道這和男人的認知不一樣，但是做愛到底有沒有插入，對女人來說，不見得那麼的重要，讓二個人用身體好好相愛，才是做愛的價值所在。如果你早洩，你的插入不見得是加分項，進入女人的身體，卻無法用愛充實她，只留下短暫的空虛，只會造成女人的失望。事實上，曖昧期不做愛卻留下餘韻，往往讓女人更想念。

如果你真的想插入，請先參考本章末，好好練習「超屌教戰守則」，這需要大約三個月的時間，在神功練成之前，即便有機會和心儀的對象上床，你可以說：「我太珍惜你了，我想慢慢來。」有什麼比具備自制力且珍惜女伴的男人更讓女人心動呢？

接納但不評價自己的表現

男人大多不會和自己對話：「今天的你，累不累？睡得好嗎？心情怎樣？

壓力有多大？」

只關注外在事件與客觀事實，容易有應付心態與養成草草了事的習慣。「不知道自己其實很累」，仍然習慣強迫性疲倦自慰，或例行公事般勉強與伴侶做愛，連自己在性事上敷衍了事都無法覺察，為了應付而應付，容易導致早洩。因此感受身體的疲倦度與精力並判斷是否有精力做愛，學會傾聽屌的聲音，當它累了不想做，不要勉強，是重要的第一步。如果你今天狀況不好卻要做愛，不要勉強插入，可以用口交、指交等方式和伴侶做愛，避免因屌的狀況不穩定而表現不佳，會容易感到氣餒，造成心因性的性功能障礙。

如果你很難覺察自己的感覺，建議你從日常生活中做起，如能搭配靜心冥想練習更佳，找個地方安靜坐著，雙手手心向上放在腿部，這樣的姿勢可以更加保持呼吸的順暢度。坐著閉上眼睛五分鐘，保持腹式呼吸，開始觀察自己的感受，且過程中練習「不評價」，如果過程中有各種想法出現就接受它，但記得拉回來「不評價」的感受與覺察。

這個練習很重要，幫助做愛時不胡思亂想。3C產品讓這世代的專注力變得很稀缺，許多年輕情侶連燭光晚餐也在各自滑手機。現代男女做愛本來就很難專注，加上早洩療法的江湖傳言，經常建議默背九九乘法來轉移注意力，甚至有念佛經讓自己不要興奮，反而軟屌無法勃起，治標不治本還有後遺症並不是好方法。

早洩讓男人缺乏自信，很容易在腦海中評價自己，「天啊，我這麼這麼沒用」、「我快射了，要被發現我有早洩了，好丟臉」，陰莖像顆氣球，這些情緒，都會瞬間灌入氣球，導致氣球承受不了，很容易就射精。記得使用「深呼吸與接納」這二個法寶，告訴自己，射了也沒關係，沒什麼大不了，即便提早結束，也可以和伴侶說：「你今天好迷人，我真是情不自禁」，恭維對方自己又不尷尬。

學習和負面情緒、感覺和平相處，就會把陰莖氣球裡灌飽的氣給洩掉，然後感受性刺激的快感，讓興奮感充滿陰莖，在愉悅中慢慢地、輕鬆的享受做愛，早洩將不再是困擾你的難題。

第五個故事

只不過是早洩，卻差點毀掉我的人生

從事性治療工作有一個缺點，就是很難進行「口碑式行銷」。大部分被我治療好的個案，通常不會和親友分享，很少人願意讓別人知道自己曾經有性方面的問題，所以幾乎不會轉介親友來找我協助。李明城老師是一個親友介紹來的特別案例。

手機那頭傳來急迫的聲音：「請妳幫幫我弟。」

李晨光是我之前經手治癒的早洩個案，某天晨光特地來電求救，萬分焦急說著自己那忠厚老實，在學校教書的弟弟李明城，被抓到偷竊女性晾在外面的胸罩，正在和對方調解，恐怕不只影響到工作與名聲，婚姻關係也瀕臨破裂。

晨光擔心明城只要往前一步就會跌落懸崖。發生這種事，妹媳已放話說要離婚，希望我幫忙協調伴侶關係，也看看弟弟是否有什麼難以啟齒的性問題，才會做出這樣的行為。晨光的聲音透過手機，仍然聽得出有些急促不安：「我弟平時不會和我講心事，但因為這件事太嚴重了，不知道該找誰幫忙，不得已只好問我。」

晨光無法想像弟弟做出這種事，便直接問他，「為何你會跑去偷竊女孩胸罩？」問了半天，明城脹紅了臉支支吾吾說不出話來。晨光和弟弟坦誠之前有早洩困擾，幸運遇到梁心理師，不僅處理性功能問題，也會協調伴侶關係。建議他要不要也尋求性治療師的專業協助？

他點頭了。

就這樣，李老師與老婆來到我的面前。

老婆難過地說：「我的第一次就是給了他。在性愛這檔事上，我們兩人都不是很有經驗，做起愛來不是很順利，後來他一直對我性趣缺缺，我以為他沒有什麼性慾，沒想到他會去偷別的女生胸罩內褲，是我沒有吸引力嗎？我真的無法接受這樣的事情發生，我想要離婚。」

即使來到諮詢室，李老師對於會談仍然很是抗拒，「其實我不知道來這裡要幹嘛，事情已經鬧得這麼大，性治療師還可以幫什麼忙嗎？」

我先單獨和李老師會談。並不急著談目前發生的事，我先邀他聊聊第一次知道什麼是性，那是什麼經驗。他說還沒念國小前，有一次自己摸鳥鳥，就是好玩，被大人看到大聲斥責，從此就不太敢摸它；後來無意間發現用陰莖摩擦棉被很舒服，就養成偷偷摩擦棉被、枕頭自慰的習慣。甚至不用手摸陰莖，用摩擦產生快感就能射精。

婚前曾交過一個女友，初體驗很緊張，還沒放進去就射精了；後來又試了幾次，成功插入了，但也是很快就射了。女友直接罵他是性無能，和他分手。

這件事對他造成很大的打擊。後來遇到現任老婆，兩人因為個性相近很聊得來而走向婚姻，但做愛這件事，他還是很敏感，一插入就射精，兩個沒經驗的人做起愛來手忙腳亂顯得很笨拙，也就慢慢變得冷感，對做愛敬而遠之了。

一直以來，李老師因為不習慣用手自慰，只從A片得到性刺激。慢慢地，再多A片也不能滿足他的性苦悶，他需要更多的刺激來獲得性興奮。某個風大的午後，他偶然撿到不知從何處吹來的女性胸罩，這是一件黑色蕾絲的高級胸罩，上面還有衣物柔軟精的香味，那晚回家，他拿著胸罩自慰，得到前所未有的滿足感。從此他就四處觀察，像獵犬般，東看西找，找哪裡有晾在陽台的胸罩、內褲可偷，每次得手，就感到一種替代做愛的性滿足感，無比刺激興奮。

但他生性容易緊張，被抓到那天，就是因為四處張望神情有異，被人捉個正著。那是他人生最難堪的那一天，女生大喊著有色狼，警衛出現後，從他的包包發現了女生的胸罩，來找我協助的當下，正由調解委員會協調，嘗試和女生和解。

看著低頭沮喪的李老師，我意識到整個事件的起因，可以歸類為「假性早洩」與「不當自慰」方式導致的行為偏差。加上前女友、老婆對於他早洩的態度，深深打擊了他的自尊心。

但如果對初夜的假性早洩現象缺乏理解，就可能影響到下一次性行為的心理狀態。這種「**預期性焦慮**」也會引發男性過早射精的問題。過去不良的性經驗也可能引發焦慮，例如上次的早洩經驗，使得男性在下一次性行為前就預期自己會失敗。

「不當自慰」導致生殖器過度敏感也是他早洩的誘因之一。從小到大，李老師習慣採用被子、枕頭等物品自慰，不用手來對陰莖、龜頭進行刺激，一旦習慣就會無法忍受性交時性器官直接摩擦的高刺激強度，自然會導致早洩。

加上李老師個性壓抑，不擅於社交互動，沒有情緒出口，因為性表現不佳過度自責，無法享受和老婆的性生活，轉向追求偷胸罩的性刺激，最後形成性偏差的傾向。

深談過後，老婆了解李老師的性偏差背後，是他雖然深愛老婆但缺乏自信，性慾沒有辦法從夫妻性生活裡得到疏通，無法自制地將性趨力轉向陌生對象。

透過會談中的引導溝通，李老師向結婚四年的老婆表達愛意，讓老婆知道，原來自己和婚前一樣，在老公眼中是迷人有吸引力的，只是早洩的困擾，讓他無法正常做愛。

我同時協助李老師進行「六堂性功能自主訓練課程」，李老師動機很強，幾乎每天都會在家自主練習。從學習正確用手自慰開始，到用輔具增強刺激，最後可以和老婆做愛持續十分鐘；和未訓練之前，甫感到快感就想射精相比，有了顯著的進步。課程中最重要的訓練是「深呼吸的放鬆訓練」，腹式呼吸與一般的深呼吸不同，這是少數可以被人所控制的自律神經調整策略，能夠活化與平衡交感神經。

不只是做愛時學習放鬆感受愉悅的刺激快感，還要將其運用在生活裡。李老師長期處於高度壓力之中，面對性騷擾的指控之後，他的交感神經更是持續處於活絡的狀態，讓身體持續緊繃。熟悉「深呼吸的放鬆訓練」技巧之後，不只改善李老師在床上的表現，也改善了他很容易緊張的日常習慣，每當他感覺焦慮時，他就會停下來練習腹式呼吸與放鬆技巧。

之後，李老師懇切地向受害者道歉，也誠實告知對方，自己正在接受性治療，已取得和解。所幸此事未影響到教育工作與人際關係，在我的幫助下，透過這次的危機處理，李老師和妻子通過專業協助建立互信和溝通，慢慢練習和探索，了解性是一種愉悅和互相享受的活動，成功改善了性生活與婚姻品質，讓此事有一個圓滿的結局。

可惜的是，尋求專業的心理諮詢或性治療，在台灣仍然不是一個普及的選擇。許多人年輕時努力讀書、認真工作，直到中年之後，都沒有機會對於自身情慾有進一步的認識。我相信，像李老師這樣的故事還有很多，導致受害者終生的陰影與創傷。期待他們有機會獲得「性教育」，專業的協助可以提供適合個人情況的建議和治療方案，男性可以逐漸增加對性的掌控力，讓他們理解如何尊重女性，並同時擁有更加滿意和豐富的性生活。

性治療師的溫馨小提醒

用「滑入取代插入」

很少男人知道，明明一切就緒，衣服脫光了，身體交纏在一起，性器相合，但男人卻不急著插入，停在洞口不動，用不停親吻和撫摸來感受對方的身體，這對女人而言，是性愛中最令人心動的時刻之一。

在洞口停留，讓伴侶情慾難耐，流出愛液（建議直接塗抹水性潤滑液），讓陰莖自然滑入，可以減少插入的強烈刺激感。用「滑入取代插入」，可以減輕女性剛被插入時的不適，也可以避免早洩。

第六個故事

阿公也可以練就「超屌」!!

一名早洩男子在報紙上，看到「女師教持久」的小廣告，花大錢一對一上課，女師捉著男子的食指，教他如何回家自我訓練性能力，只要照著做，保證有效。男子回家每日苦練都沒效。過了二十年，他找我做性治療，才理解當年為何一點效果都沒有。

因為他用「食指」練習。

如果不是這名資深的早洩個案吳老闆親口告訴我，我一定以為這是黃色笑話。在那個保守的年代，沒有性教育，許多性的訊息都是透過暗示而來，把食指當陰莖來教學，會錯意並不奇怪。

吳老闆從小就聽到大人在講一滴精十滴血，以為手淫對身體不好，從來不自慰的他，和老婆結婚洞房，還沒進入就過度刺激而早洩。現在他已經六十五歲了，經營的小吃店是網路爆紅名店，很年輕就結婚，一直到現在，他都是連動都動不了就射，看著男優在A片的勇猛，心裡有種不如人的自卑。可能是這種自卑，讓他拼了老命賺錢做生意，全年無休，沒什麼嗜好，但心裡還是很渴望有一天可以好好享受性愛。

六十五歲的吳老闆已是阿公級的年紀，卻是我所遇過最認真的個案。每天收攤整理完，常常已是半夜，即便生意好得不得了，但他還是抽空每天練習，他循序漸進進行**陰莖減敏感訓練與放鬆技巧**，花了半年的時間，這個一輩子都不聽他話的小老弟，終於從插入三分鐘，慢慢進展到五分鐘，到後來可以插入十分鐘都不想射。當他用飛機杯加強訓練時，他讚嘆這簡直是天堂，沒想到只是自慰就可以這麼舒服。

做愛是要學習運用全身的肌肉，雖然不會一插入就想射，但還是動個五分鐘就開始喘、覺得累了。吳老闆一直抱怨體力不行，這的確是個問題，一輩子只勞動從不運動的吳老闆，需要改善高強度的工作型態，諮詢時吳老闆考慮要讓兒子接手小吃生意，進入半退休生活，減少壓力、養成早上起床跑步的習慣。

可以掌握自己的射精節奏的感覺太好了，吳老闆感受到遲來的春天，雖然晚了點，但他終於找回男性的雄風了。吳老闆懊惱地說：「原來有這個可以學哦，如果我早點學會陰莖的鍛鍊，我早就開始享受了，這才是人生啊。」**只要勤加訓練，阿公也能變超屌！**

然而，有一天吳老闆臉色陰沉的坐在我面前，抱怨自己沒事找事做，不該來接受性治療。

好不容易每天認真鍛鍊，練好了，老婆卻不想要，還叫他去找性工作者消火。吳老闆很沮喪，他不想找陌生女人做愛，我建議吳老闆邀老婆一起來諮詢，因為他從年輕就早洩，伴侶需要重新開啟身體對性的感知，彼此打破「抽插才是性行為」的刻板認知。

「年紀都這麼大了，你為什麼要幫我老公治早洩？」一進診間，她要求單獨諮詢，等老公離開，她立刻換上帶點責問的口氣。

五十五歲的她，雖然年紀整整小吳老闆十歲，長期的勞動卻使她滿臉倦容，臉部皮膚保養得很不錯，她開口就抱怨，小孩都大了，人也老了不想做愛，現在老公性能力變強了，還嫌她像條死魚，覺得搞這些有的沒的，讓她很困擾。

「你現在完全沒性慾嗎？」我也就開門見山地問。

「偶爾還是會想啦。以前想做，他都一下子就出來，搞得我很難受。所以我後來變得不去想這種事，想這種事幹嘛，找自己麻煩。」

「那你對老公還有感情嗎？會不想他碰你嗎？」

「他人很老實，賺的錢都給我管，如果收攤洗完澡，都會陪我看韓劇，有時他會抱一下我再睡覺，感覺還不錯。」

我展示一些有趣且看不出來是情趣用品的輔具，像是跳蛋與吸吮器，她覺得很新奇，眼睛為之一亮。我把性愛重點轉回到她自己身上，學會和自己做愛，和先生做愛才會放鬆舒服。意外的是，所有輔具裡，她對「會呼吸的晚安熊」娃娃反應是最好的，高密度記憶抱枕抱著很紮實，內建兩種呼吸節奏模式，讓她學會深沉的深呼吸與放鬆。吳老闆好奇她為何這麼喜歡抱著熊深呼吸，才發現老婆想要的親密是睡前能擁抱一下，這對她而言，比性行為還要滿足。

我也和吳老闆夫婦分享日新月異的情趣用品，他們感到十分好奇，尤其是打開成人網站裡面有各式各樣的A片選擇，更讓他們驚訝地合不攏嘴。他們成長的年代偷看A書或是去租錄影帶都要小心翼翼，怕被發現很丟臉，很難想像現在有這麼多的玩具和花樣。

因為長期的洗碗等勞動，夫妻皮膚都很乾燥，我也教老婆回家塗抹椰子油在自己，然後把多的部分抹在老公身上，很自然的調情互動，一邊按摩一邊保養皮膚，透過觸摸伴侶找回親密感，才能進一步引發性慾感受。

他們嘗試之後很喜歡，二人回來課堂都容光煥發，說效果非常好。他們想要新鮮感和不同刺激，還自行購買有催情效果的按摩油產品，我也用 line 傳了一些浪漫放鬆的音樂給他們，讓他們在按摩時播放，增加情趣。

對親密行為的渴望會隨年齡增長而減少，這是一種偏見。自古以來，從歷史到文學作品，甚至黃色小說、A片，都清楚呈現性慾不分男女老少，人盡皆知，只是被禮教包裹著不戳破而已。其實，年長者除了性行為，更缺乏的是觸摸與擁抱，尤其是行動不便或是年邁長者都普遍匱乏。其實，晚年的性，要的不再只是持久，而是親密感與滿足。在專業協助下，新世代的醫療、性知識、性治療以及各種產品可以滿足他們各種需求。

許多研究證實，性生活對長輩身心健康的好處多不勝數。二十一世紀，滿足性慾的管道多元且多樣化，世界正在被科技文明改變，結合專業的醫療協助以及性治療團隊的合作，長輩即便沒有伴侶，仍然可以擁有愉快性生活，不用暗夜忍受孤寂，甚至壓抑性慾之下，忍耐不了性需求做出不倫、性騷擾等行為。

數千年過去，社會文化對性的保守僵化，不應該繼續困住我們每一個人，作為文明的現代人，我們有追求性福的權利。在性好門診，我遇過的求助者年紀最大是七十歲，我很欣賞願意主動求助的長輩，他們都是直面性需求，並積極想要解決自身的性障礙。性慾作為一種生之慾，還能「性致勃勃」；享受人生，也是身心健康的指標之一，不該被污名成「老不羞」。他們辛苦了一生，值得好好享受性愛，感受被親密關係滋養的幸福。

性治療師的溫馨小提醒

禁止懶人自慰法

絕對要注意，不用手觸碰陰莖的自慰，或是摩擦棉被尋求快感等方式，容易導致早洩陽痿、軟屌射精，嚴重的話，會造成還沒勃起插入就射精。有這樣自慰習慣的男人，因為習慣沒有勃起就壓迫陰莖產生快感而射精，很容易同時有軟屌與早洩的問題。容易軟屌的男人，做愛過程切記不要因為硬了，一時高興就急於證明自己而硬插，這反而會讓早洩情況更加嚴重。建議同時有軟屌與早洩問題的男人，先好好練習「超屌教戰守則」的持久法，鍛鍊的過程也會幫助陰莖充血，有可能同時改善軟屌的問題。

第七個故事

和老婆沒性慾，邋遢卻早洩

三十幾歲，自己開設博弈電玩公司的耀揚身材適中，有點小腹，白裡透紅的膚質好到讓女人也會羨慕，看得出來，年輕時俊美不遜色於韓星。他走進我的諮詢室之前，就自行上網搜尋資訊或嘗試使用保健食品等方法，也找過自費的泌尿科診所及其他坊間的性治療師，投入的金錢相當可觀。他看起來非常沮喪與失望，畢竟已經走遍千山萬水，卻不得解決之道。

「真的很奇怪，和老婆做沒什麼性慾，和外面的女人做有性慾卻不行。和家裡的女人做明明沒問題啊，和外面的女人做就早洩？」耀揚俊俏的臉上籠罩著一層困惑的陰霾。

第一次諮詢，從了解他的性史與性腳本開始。他的情史很精采，花了比我預期還多的時間。他的初戀在高中，第一次談戀愛的純情悸動，講起來像是上輩子的事。他笑著說：「很難想像我以前會寫卡片、自己做手工相本，只為了給女友一個小驚喜，現在根本是不可能的事。」初戀女友考上大學就移情別戀了，這件事雖然讓他大受打擊，但耀揚長得不錯又能言善道，還有女生倒追，恢復單身的他開始喜歡沒有負擔的約炮或短暫的戀愛。

現任老婆是一同創業的夥伴，精明能幹的艾莉是公司幹部兼股東，原本還不想結婚只想談談戀愛，誰知艾莉懷孕了，兩人只好奉子成婚。婚前感覺老婆處事明理，二人很少吵架，哪知道婚後完全變了個樣。

博弈電玩公司的風險高，工時很長，老婆個性強勢，什麼都要聽她的，尤其是懷孕之後，脾氣變得更大，他只要不順老婆的心意，就會吵起來，為了避免衝突，他只好盡量忍耐閉嘴任她嘮叨。

他不時會閃過離婚的念頭，但已經有小孩了，而且她是公司股東，離婚會影響到他辛苦創立的公司，他不能冒這個險。他發洩苦悶的紓壓方法，就是趁老婆回娘家的時候放風，和哥兒們去夜店搭訕約炮，他很怕老婆會發現，都會和哥兒們套好說詞。

有一次，耀揚好不容易有空檔，順利約到一個身材火辣的女生，到旅館時，這女生主動說，她喜歡從後面來。面對渾圓飽滿的俏臀，他興奮不已，正想要快速抽插之際。

「啊！不會吧，我射了！」耀揚心想：「怎麼會？為什麼那麼快就射精了？」

此時滿心期待的女郎尷尬轉頭過來看著他，耀揚只好苦笑：「我射了。」

對方完全沒有要掩飾不爽的心情，質疑道：「你不行幹嘛找我來旅館？」耀揚一邊形容當天的情境，一邊痛苦地對我說：「天啊!!超尷尬的，老師妳要幫幫我，這種事太丟臉了。」

難以置信的耀揚，隔天馬上和老婆求歡，想確認現在是什麼情況。

老婆有點開心，耀揚很久沒有這麼主動了。

像是要一吐在旅館的怨氣，耀揚非常爭氣地抽插十幾分鐘，直到老婆喊停為止。明明和老婆沒事，為何和美女在一起表現卻這麼差，他非常納悶，於是又找了性工作者試看看，又是沒幾下就結束。前陣子，和廠商應酬談合作，對方叫了價碼最貴的小姐給耀揚，模特兒等級的身材，讓他興奮不已，沒想到只是口交，他就止不住想射的衝動。

我一路抽絲剝繭後發現，長得帥氣的耀揚，是有「偶像包袱」的。他臉皮薄怕丟臉，和女友、老婆在一起的時候，因為熟悉所以放鬆自在，表現當然沒問題。但和新的對象在一起，一見面就要做愛，太過興奮刺激容易有「表現焦慮」而早洩。年輕時，遇到這種情況，他就很快地再來一發，第二次總是會比較持久。但現在體力沒這麼好了，「早洩」的問題就跑出來了。

自慰練習加性腳本情境管理，成功治好早洩

接下來的課程，他開始進行「陰莖減敏感訓練與放鬆技巧」的自慰練習。為了不讓老婆發現，每天他只能在洗澡的時候，在浴室練習。他學會「性腳本」情境管理，讓他和陌生的女生接觸時，可以控制情境，不讓「修竿」的目的性太強而影響表現。告訴對方自己不是想上床，只是很喜歡對方想要過夜「抱睡」，盡可能延長二人互動時間：先一起洗澡、一起看電視，讓陌生感降到最低，有感覺的時候再放鬆做愛，早洩的情況果然改善了。

最後一堂課，耀揚開心地描述那天，老婆回娘家，他約炮過程很順利，感覺自己的性能力比以前更厲害了。我問耀揚，你和老婆明明就有品質不錯的性生活，為何還要大費周章花錢接受治療，冒著被老婆發現的風險找其他女生。

耀揚嘴角揚起一抹壞笑說：「妳不懂啦，這是『男人的復仇』。她管我愈嚴，我就愈想要做壞事。我上一個女友也是這樣，很不信任我，愛看我手機、一天到晚疑神疑鬼，反而讓我更想偷偷出去約炮。」

看著耀揚得意洋洋的樣子，我忍不住問：「你的老婆的確控制慾很強，那是她的問題，外遇則是你的問題了。」耀揚沉默。

「聽起來你老婆對你沒有安全感，也許是一種直覺，事實上，你的確瞞著她偷吃啊。我很欣賞你積極的態度，性功能有問題，拼命尋求各種管道治療；你婚姻有問題，也可以考慮尋求專業協助哦。

「你不是說，偷吃被發現的話，你的婚姻會有很大的危機，連帶影響事業嗎？你怎麼看報章雜誌的那些，因為偷吃而身敗名裂的名人？你不是說老婆把公司和家裡都打理得很好，為了所謂「復仇」，冒這麼大的險值得嗎？」

耀揚無奈地說：「也沒有什麼值不值得，我過一天算一天。如果我沒結婚就好了，現在後悔也來不及了。如果哪天我偷吃被捉到，我老婆要離婚，我一定會帶她來找妳做諮詢的。哈哈哈！」

這是最後一堂課，耀揚給了我一個大男孩般的笑容，謝謝我解決他早洩的煩惱，開心地離開了，留下若有所思的我⋯⋯。

性治療師的溫馨小提醒

不要急，慢慢來比較快，早洩的內功心法

渣男就像獵人，懂得守株待兔找到好的時機，見風轉舵抓住機會就調情。好男人缺乏經驗，常常因為心急笨拙而搞砸；渣男只在意自己的感受，懂得討好對方卻不在意對方，情緒不容易波動，性能力因此能夠持久；好男人太在乎對方的感受，容易焦慮緊張反而容易早洩。女人要的是擁有渣男優點的好男人，而這種人實在太難找了。這世界，男人、女人都很難得到幸福。這本書不只是處理性功能障礙，更想要教給你的，是性智慧，智慧急不得，需要回到你的生活裡去日日實踐。

誰說性福只有渣男可以擁有呢？珍惜女人的好男人更值得！

第八個故事

你沒治好早洩，我們就不要結婚！

如果你問我，性治療師最害怕遇到什麼個案，我會說是被伴侶要求治好性功能障礙，被動求助的個案。這種類型缺乏自信與動機，還沒開始，困難度已是地獄開局。阿偉和未婚妻小琳一起進來諮詢室，阿偉緊張到手汗直冒不住搓著雙手，嬌小可愛但身材顯略豐腴的小琳，則是一見面就問：「我應該不用待在這裡吧？請你們把阿偉治好哦。」轉頭和阿偉說：「**你沒治好，我們就不要結婚！**」

「我到外面等就好。」不等我有所回應，她就起身離開。

阿偉是公務員，是那種找他辦完業務，你不會特別記住的長相，戴著有點過時的黑框眼鏡，說話帶著中部口音，他坐著的時候，感覺不到他其實有一九〇公分。態度十分客氣，似乎在說，我一點都不重要，你不用在意我無所謂的。

阿偉和相親認識的小琳交往三年了，一直飽受早洩困擾，去年剛剛訂婚。阿偉快四十歲了，女方年紀也不小，雙方家長都催著趕快結婚生小孩，期盼著抱孫子，從嫁妝是一棟付完頭期款的房子，還有小琳背著的高級名牌包看來，女方家境是很不錯的。

二人都沒有性經驗，小琳嬌羞又期待的希望阿偉給她美好的初夜體驗。阿偉很想好好表現，誰知愈在意愈緊張，愈緊張就愈笨手笨腳，小琳主動表示耳朵是她的敏感帶，阿偉卻親得她的耳朵都是口水。脫光衣服要進入正題，只是在洞口，阿偉就射精了。

小琳直接抱怨：「你好遜哦！人家都還沒破處，你就射精了。」

阿偉不知所措，只能把衣服穿上，氣氛尬到不行。

小琳去洗完澡，邊穿上衣服邊開玩笑說：「房間休息二小時，我們用不到半小時，好浪費。」

從第一次做愛開始，阿偉的早洩問題持續了整整兩年。不僅阿偉在性生活長期無法得到自信，未婚妻也長期無法得到滿足。她是個直腸子，絲毫不掩飾對男友的失望，最近開始行蹤飄忽，經常找不到人，讓阿偉很沒安全感，於是他偷偷翻找了未婚妻的手機，發現她用交友軟體，找人出去約炮。阿偉很受傷，但他連質問未婚妻的勇氣都沒有。

陰莖不只是一塊肉，長期遭受挫折打擊，它也會有創傷症候群。阿偉說最近和未婚妻做愛，和她脫光光抱在一起，我滿腦子都是別的男人滿足她的畫面。

阿偉表示自己有早洩，但實際進行性健康自主訓練課程時，我發現他根本無法勃起，高大的身材和萎靡的屌反差很大。這是性治療常會出現類似的狀況，填寫事前測量表時，個案都會把自己狀況寫得比較好，實際上面對面診治時，才會說出性困擾。進入療程後，我們才會發現真實的狀況，常常比個案願意承認的還嚴重。

像是走過千山萬水，每個坐在我面前的男人，說出自己最不想告訴任何人的祕密，是很不容易的。阿偉提到有次半夜醒來，同居的她沒睡在旁邊，他起床找不到人，才發現小琳刻意等到他睡著，跑出去約炮，天亮才回來，阿偉裝睡沒有勇氣問，講到小琳還假裝若無其事吃著早餐時，阿偉男兒淚潸然流下。

面對性能力的不足，就是在直面男人的脆弱

我所治療的案例中，早洩是性功能障礙裡，最容易處理的議題。通常只要按部就班重新學習自慰的方法，學會放鬆並逐步克服過度敏感的陰莖，其實並不難解決。難的是阿偉不只要處理早洩，還要面對出軌的未婚妻帶來的創傷，讓阿偉的「屌」失去自尊，即便努力訓練也很難重新抬頭挺胸。還要被威脅沒治好早洩，就不結婚的難堪。這種狀況下，要讓阿偉找回自信，恢復男性雄風，將是個難題。

在性治療的過程中，我有時會感覺到，個案的性功能障礙像是一種「業力引爆」，過去沒有處理的心理議題或是性功能障礙，伴隨著人生來到中年「開始走下坡」的那種惶恐，就如同三明治般擠壓或陷入流沙般的情勢，狀況只會愈來愈嚴重。

比起阿偉早洩又陽痿的屌，我認為他需要先好好療癒他破碎的心與自尊，才是當務之急。阿偉承認如果他的性功能變強，娶了小琳，他可能一輩子也會有心結，但小琳是他的初戀也是他的初體驗，他不想失去她。

我直接和阿偉說明，此時的他有著心理創傷沒處理，加上屌被強迫要好起來，不然就不要結婚，在這樣的壓力下，就算進行性健康自主訓練的早洩療程，也難以立即見效。試想已經付出努力上課，但狀況沒有好轉，阿偉的自尊會再度受傷，而小琳就會以此作為分手理由，這對他的身心健康實在太不利了。

「我建議你先做心理治療，和小琳做婚前諮詢，先面對小琳背叛你的事實，我們再處理性功能障礙。進行性治療課程的錢，我可以全額先退給你，如何？」

阿偉突然正色說：「老師不幫我上課，就是要逼我分手嗎？」

我搖頭想告訴他，我沒有要替他的人生做決定；不等我回答，他又緊接著說：「老實說，我也不想娶她，但我想要治好我的屌，用我的屌征服她，然後再甩了她。」看著阿偉眼中突然燃起的鬥志，我知道，他搖擺不定、優柔寡斷的那一面硬起來了，他的屌有救了。

順利完成性治療課程之後，阿偉成功克服早洩的困擾，但他和小琳分手了。沒想到過沒多久，反倒是小琳來找我諮詢了。她說：「我當初和阿偉來找妳，本來是覺得他一定不會好了，這樣我們就可以順理成章分手。沒想到他竟然好了，還是他和我提的分手。」

我問小琳分手的原因是什麼？

她眼神有點飄移，輕聲說道：「雖然阿偉從頭到尾都沒有講原因，只是說不想結婚想分手，但我知道，應該是我偷吃被他發現。

「這不能怪我啊，我家裡管得很嚴，三十多歲相親認識阿偉，才知道原來做愛很舒服，但他每次都一下下就結束，我被弄得慾火焚身難受得要命，他隨便做完就給我呼呼大睡。後來開始滑交友軟體，有很多身材健美長相又帥的男生，他們對我很溫柔，做愛又很舒服，我很喜歡其中一人，我和阿偉分手，我想和他在一起，結果他就封鎖我，人間蒸發。」

小琳難過道：「我現在感覺一切都很空虛，所以想找妳聊聊。」

我輕拍一下她的手：「可以多講一些妳的空虛嗎？」

「以前阿偉很愛我，對我百依百順，我好像覺得是應該的。後來約到交友軟體的帥哥，就更加嫌棄阿偉，覺得他不夠帥、也不會講甜言蜜語、性能力也不行。但我現在卻很想念他，我是不是以後都遇不到對我這麼好的男人了？」

小琳神情看來懊惱不已。

我點頭說道：「約炮對大部分的男人而言，就只是約炮。」

「對，我現在也不想約炮了，我覺得這其實不是我要的。這些約炮的男人，只要和他們認真，他們覺得妳『暈船』跑掉了。」

「你的空虛指的是，這些男人和阿偉形成一個強烈的對比嗎？」我說。

「是啊，我現在很想念阿偉想要我舒服，但笨笨做不好的樣子。他很在意我的感受，只是他沒什麼經驗，我應該有耐心一點，給他多一點時間。」

我拍拍小琳的肩膀。「恭喜妳經驗這一切，妳從女孩變成女人了。」

「未來妳還會遇到你愛的、或是愛妳的人，你們一定會遇到各式各樣的困難，請妳支持伴侶，陪伴他並和他一起找方法解決難關，好嗎？」

雖然最終阿偉和小琳沒有走在一起，但各自成為更好的人，這個結局在我心中，也是一種圓滿。

♂ 性治療師不外傳的祕技

超屌教戰守則

運用性智慧帶給你射精的自由

自慰又稱「自瀆」，將這麼快樂又沒有後果的事，講成自我褻瀆，可見男人與自慰的關係，真是愛恨糾結。一面抹黑自慰，聲稱一滴精十滴血，擔心自慰對身體不好，一邊又無法控制、情不自禁的自慰。學會正確的自慰方式，你將會獲得一種自由，一種由自己決定射精時間的自由，讓你可以想做多久就做多久。早洩不是病，只是提醒我們需要找回身體的「性智慧」，透過以下「**超屌教戰手則**」**好好練習**，每根屌都可以輕輕鬆鬆享受做愛，想做多久就做多久。

教戰守則一：掌控身體的節奏，掌握身體的智慧

很多男人無法自我覺察，只有想射與不想射二種感覺，一受到刺激就射精，導致早洩。以下是自慰覺察練習：自慰或做愛時把自己的射精感受分成一到五分，我通常會請個案一邊使用慣用手自慰，另一隻手用手指計量，有一點感覺就伸一根手指是一分，感覺舒服伸二根手指是二分，舒服不想射是三分，有想射精的感覺是四分，五分就是感到無法控制的射精感。

如果到四分有想射的感覺就完全停下來，暫時不抽插／擼動，讓陰莖適應與感受陰道／手的刺激感，並用腹式呼吸法抑制射精感，並等待射精感受分數降到三分，再繼續抽插／擼動，並反覆循環步驟來達到控制射精的作用。

重點在於抑制想射精的感受並讓陰莖適應刺激，可以觀察自己陰莖的反應，如果你是做愛中途陰莖疲軟早洩的個案，你會發現每一次壓抑射精感的循環之

後，控制射精像是衝浪，強烈的愉悅感像是大浪猛然撲來，只要你能有意識地放鬆肌肉深呼吸而不射精，下一次就能乘上更高的浪，讓陰莖能夠適應更高強度的刺激，而且陰莖也更加堅挺。運用此種身體覺察的方法，反覆練習，熟悉之後可有效控制射精。只有對於身體感受度有全面且深入的學習，才能在與性伴侶發生關係時調控到自己所需要的節奏。

教戰守則二：放鬆密技，享受快感控制射精

在任何運動當中，呼吸法都被視為是重要的技術，呼吸運用得當能使其運動表現更好，做愛也不例外。對於呼吸循環系統而言，不管是肺部的氣體交換、心跳率、心臟每跳輸出量、人體的血流分布或靜脈的回流等，都不是可以由意

識控制的生理變項。唯有做愛時的呼吸方式，才是可以由意識控制的生理反應，因此，做愛時的呼吸方式，對保持陰莖的持久狀態十分重要。

　早洩的個案，陰莖像氣球，興奮感一灌進來就爆破，射精之後，遊戲結束，只留下空虛的餘味。你也許無法控制吹進氣球的空氣，但你可以選擇把氣球裡的氣給放掉，就不會有一下子就爆破的悲劇發生。只要深深吸一口氣，再慢慢的吐氣，整個自慰或做愛過程都能有意識的深呼吸，放鬆自己從頭到腳每一塊肌肉。

進階法一：請按照教戰守則一的指導做法，一旦覺察到射精感受分數有四分時，腹式呼吸是相當有效的方式，可以讓射精感完全消失[9]，缺點是太過有效，會讓充血的陰莖軟掉，需要時間恢復硬度，才能重新開始訓練。腹式呼吸法是用肚子呼吸與吐氣，可以把手放在肚子與胸口上，觀察自己有無成功使用腹式呼吸法。

進階法二：做愛時控制抽插節奏，搭配腹式呼吸最佳，吸氣時肚子鼓起，呼氣時放鬆屁股下沉插入，學會呼吸放鬆，輕鬆控制射精，做愛就是如此紓壓與美好。

教戰守則三：用腹式呼吸來場矛盾大對決

日本深夜節目中《矛盾大對決》，讓對某種能力持有絕對自信的雙方，在一個平台上直接分出高下，此節目深受觀眾喜愛。雖然傳出造假而停播，但此

9 腹式呼吸即丹田呼吸，丹田位於小腹，約臍下四指幅位置，練習一段時間後，便會感覺吸吐氣時，氣息直出直入小腹。

節目的初衷，原本不僅僅為了對抗，最重要是使對抗雙方可以在各自領域不斷地以「更好」為目標。其中以口技聞名的拓也哥，對戰號稱「絕對不射」的男優澤井亮，成功讓男優在短時間內繳械，捧紅的拓也哥「素蘭神功」[10]。

其實美好的性愛，就是一場矛盾大對決，雙方都盡可能投入，性愛過程全心全意地投入在每一秒鐘，拿出絕技來取悅對方。早洩的痛苦在於，一經挑逗就興奮想射，根本不是對手，還沒開始遊戲就結束。因此，建議男性使用有效控制射精的腹式呼吸祕密武器，和伴侶來場《矛盾大對決》遊戲。例如：讓對方居於上位，你平躺放鬆，在伴侶能理解與配合的前提下，對方放慢速度擺動身體，你則刻意做「腹式呼吸」控制射精感，主導性愛的節奏，這是一個在「矛盾大對決」中取得平衡的方法，大家可以試試。

教戰守則四：超屌重頭戲，陰莖減敏感訓練

早洩主因是陰莖過度敏感，陰莖減敏感訓練是非常重要的練習。**學習陰莖減敏感訓練**，可以對屌進行全面性的有效刺激，一開始將手作為訓練工具，由輕到重慢慢增加刺激感。陰莖分成四個部分，龜頭、冠狀溝、陰莖體以及陰莖的根部。其中龜頭和冠狀溝是最敏感的地方，首先把手虎口朝下用「C字型反握」的姿勢對準冠狀溝與龜頭的部分，記住力道適中，轉一圈到對側扭轉龜頭，這個部分很像在扭轉瓶蓋，注意要用手掌心的地方包覆龜頭，接下來併攏手指滑到陰莖的根部。而另一側也用同樣方式用另一隻手進行，讓陰莖整體都有受到訓練。

---

10 「素蘭神功」為口交的台語諧音。

教戰守則五：飛機杯進階法

如果您用手按摩自慰進行陰莖減敏感訓練，可以控制射精感五到十分鐘不射精，就可提高訓練的刺激度，準備「矽膠」飛機杯（有一種很便宜的飛機杯，是用海綿製造的，讓龜頭與陰莖直接摩擦海綿，千萬不要買），兩顆枕頭、一張床、一個薄棉被。

◉ 飛機杯的性自主訓練法

記得先在飛機杯中加上水性潤滑液，並且適時加入溫開水來保持濕潤，不要只是手動飛機杯上下刺激，也可以讓飛機杯放在桌上、床上等等，嘗試用自己主動的方式插入，並記得把射精感分成一至五分，到三分與四分時即可停下來用腹式呼吸與骨盆底肌收縮來抑制射精感，並適應飛機杯中的刺激度，並反覆進行性自主訓練。

◉床+枕頭+飛機杯的超屌訓練法

情境一：枕頭對摺中間放入飛機杯，用這樣的方式來模擬「臀部」，並把它放在床的邊緣或桌子邊緣站著插入，來訓練自己想要鍛鍊的情境。因為有些人只要轉換情境（從床上轉換到床邊或桌子）就會緊張陽痿或早洩，這個方式可以鍛鍊不同的性愛情境，讓自己不再緊張。

情境二：兩顆枕頭中間放入一個飛機杯，並用薄被子包裹，用這個方式可以模擬真人的「身軀」，所以可以把它靠牆或抱著來模擬性愛時的「站立式」，抑或是放在床的邊緣也可以訓練，用枕頭包裹的方式可以增加在性自主訓練時，不只是下面的刺激與鍛鍊，「枕頭的觸感」也是模擬真人身軀的觸感。

教戰守則六：請按部就班、循序漸進的練習

請根據以下原則訓練：每周至少五天，只有一天可以放鬆射精。

第一個月，請先不要看A片以及與伴侶進行性行為來進行性自主訓練。

第二個月，可以搭配A片進行練習。

第三個月可以使用飛機杯進階式的自我鍛鍊，如使用飛機杯太刺激，請回到只用陰莖減敏感訓練以及腹式呼吸練習，直到可以自主駕馭射精感至五分鐘以上，再使用飛機杯自我鍛鍊。如果你能好好掌握以上所教的技巧，恭喜您，不會超過半年，「超屌」就會訓練完成。

教戰守則七：潤滑液比你以為的還要重要！

協助男人學習自我訓練時，我很驚訝大部分的男人都沒有用潤滑液的習慣，在家自慰頂多吐個口水直接來。其實潤滑液比你以為的還要重要，濕潤的手感，在自慰時會增加快感和減少磨擦。另外，做愛時塗抹潤滑液，可減少磨擦，降低陰莖刺激，能有效延緩射精，避免早洩。

密技：自慰前的準備工作，準備一瓶水性潤滑液及一杯溫水，因水性潤滑液如果乾掉，可以透過「加水」的方式復活，效果依舊，增加潤滑液的使用時間與效果，不需一直添加新的潤滑液。此用法一瓶可使用很久，建議買品質較佳的產品使用。

注意：油性潤滑液會破壞飛機杯的矽膠，也不建議性交時使用，只適合徒手按摩。

第三章

遲射

持久也是病，當男人真難！

如果可以選擇，你要早洩還是遲射？

相信有許多男人寧願選擇金槍不倒，也不想動不動就舉械投降。事實上，遲射的痛苦不亞於早洩，只要好好認真鍛鍊，其實早洩是相對容易克服的。相較起來，「曾經滄海難為水」的遲射症狀，就比較複雜不容易處理。

文明演進並沒有協助人們打破對性的迷思，反而更固著對「性能力」的期待與要求，導致心因性的男性雄風迷思，過度想要持久好棒棒，也會導致無法享受性愛，造成陰莖鈍感，難以高潮。

比起上一個世代，孩子通常沒有自己的房間，找個偷打手槍的隱私空檔都不容易，現今大家普遍生活條件較佳，大部分的人在自己房間，有電腦享用通暢的網路盡情打手槍。打手槍這件事，男性一生中大概會經歷數千次，這種無意識的動作身體卻牢牢記住，愈來愈刺激的色情內容，讓身體習慣愈來愈用力的手勁。而蓬勃發展的性產業文化，五光十色的A片、成人直播等影音產品更是不斷推波助瀾，帶來無止無休的情色資訊洪流，進一步掩蓋掉身體的感覺，導致鈍化原本該有的感受，就像是保健品循利寧廣告裡面的阿嬤，「阿嬤妳怎麼不走？啊腳麻了要怎麼走？」

人體有許多神經系統，其中射精反應是感覺神經、中樞神經以及自主神經與運動神經等協調作用之後的結果。其中我們能隨意自主控制的運動神經系統，像是移動身體四肢、擁抱、走路等。另一類無法隨意自主控制：感覺神經、中樞神經以及自主神經、自律神經系統。其中自律神經維持著我們人體必須的生理機制，例如心臟跳動、腸胃消化蠕動、激素分泌等這些無意識也能自動運作的重要生理機能。其中包含了勃起射精。

自律神經系統又分為交感神經與副交感神經。勃起過程主要是副交感神經作用；而射精過程則主要是由交感神經作用。男性的性愛就像蹺蹺板，要適當的刺激與放鬆交錯的過程。勃起後一味想要持久，而一直迴避刺激興奮，就像蹺蹺板只偏重一側，而導致遲射。

陰莖通常是男性全身上下最敏感的地方，但它卻沒有感覺了，就算是和心儀的女神做愛，不管有多努力，不管做多久，射不出來就是射不出來，早洩很遜，但遲射也很痛苦，屌的憂傷誰人知。近年來，我接案的觀察，因為遲射困擾而求助的男人愈來愈多，也有年輕化的傾向。

《馬斯特與瓊生性學報告》中提到，患有延遲射精的個案可能與自己個性上的完美主義相關，這種人很難公開表達自己的情緒與不滿。你愈是想射就愈射不出來，我們面對困難，總是認為只要努力就可以克服，畢竟我們從小到大就是被要求要努力，可是我們在人生這條路上，時常會遇到大大小小的難題，並不是你努力就能解決的，甚至你有時候更努力反而結果更糟。

關於遲射，是近年來開始被關注的性議題，尋求專業協助的人愈來愈多。

遲射在臨床症狀上按照程度輕重，大致上分為以下四種：

◉ **最輕微型**：只有在特定人的陰道中才可以射精。

◉ **輕微型**：只有在特定人的手進行自慰才可以射精。

◉ **嚴重型**：只有在自己進行自慰的情況下才可以射精（最常見的情況）。

◉ **最嚴重型**：無論和他人進行做愛或自己進行自慰都無法射精。

延遲射精可分為原發性與續發性，原發性為從未在陰道內射精，續發性為曾經在陰道內射精，但現在卻不能在陰道內射精。九十％延遲射精的患者可以透過睡眠遺精與其他方式射精，但卻不能在陰道內射精。

想要控制射精，反而無法射精，做愛時自律神經作用像二人玩蹺蹺板，和你唱反調的屌，不讓你射，就是要你停下來，好好感受當下。

第九個故事

深受不孕困擾，像是一台壞掉射不出來的做愛機器

濃眉大眼的偉傑，前額的髮際線已經開始明顯後退，有著一張看起來很親切，但不笑時很嚴肅的圓臉，他是經泌尿科醫師轉介而前來找我諮詢，和三十五歲的櫃姐曉雲剛結婚，馬上就面臨生小孩的壓力。

皮膚白皙的曉雲和偉傑有點夫妻臉，笑起來很甜。偉傑近四十歲才步入禮堂，國二那年，他就愛上和右手一起上天堂的快感，平時的休閒娛樂除了打手

槍，不外玩手遊和線上遊戲，他就是在多人連線的線上遊戲認識曉雲。

回想脫離母胎單身的那一晚，是在婚後到沖繩渡蜜月的飯店。

「什麼，這就是進入陰道的感覺?!」

他很失望，原來做愛的感覺沒有想像中美好，他做了好久好久，直到曉雲喊累，才停下來，用他熟悉的老方法達到高潮，婚後一年多來，他從來沒能在曉雲的陰道成功射精。

曉雲很難過地問：「如果我身材像ＡＶ女優那麼好，你是不是就會比較有感覺，可以在我身體裡面高潮？」偉傑連忙否定，但他自己也不知道自己是怎麼回事。

他知道曉雲很想生小孩，但他愈是想射，愈是射不出來。因為太想射精，過度在意自己的床上表現，無法感受當下不斷變化的興奮感，擔心不符合伴侶的期待，甚至出現「旁觀症狀群」，像是化身另一個人般，在旁冷靜觀看自己和伴侶做愛，感覺無法集中，很容易分心。

他打了二十幾年的手槍，已經熟悉打手槍射精高潮的感覺。自慰可以隨時刺激強度，還可以隨自己高興控制力道跟刺激位置，陰道內難以獲取同樣的「快感」。雖然曉雲婚前有交過三、四個男友，但性事上還是比較被動。偉傑覺得做愛身體要一直動很累，可能是長久以來都坐在辦公室工作，又沒有運動習慣，被曉雲取笑說已步入中年，體力不夠好才嫌累。

除了遲射的問題，偉傑與曉雲的新婚生活是甜蜜，結婚一年多，下班一起打遊戲，每天都要一起抱著入睡，偉傑不摸一下曉雲的咪咪睡不著，曉雲不捉弄一下偉傑的鳥鳥則無法放鬆入眠。

深談之下才發現，**他紓解的不是性慾而是壓力**。律師是偉傑的工作，有時會遊走法律與道德的模糊邊緣，讓他開始產生無意義感。他在諮詢時，有點不好意思的說：「不知這算不算褻瀆法庭，我在上法庭前或是中間休庭的空檔，會到廁所打手槍宣洩壓力。」他本來誤以為自己性慾很強，和我談完之後，發現生理性的性慾需求和習慣性強迫自慰是二件事。

他最多一天會打到四、五次，打到感覺陰莖都不像是自己的，有點快打不出來，其實他有時感覺並不舒服，但還是忍不住想打。加上工作的官司，常常回到家還有亢奮的情緒，他就把自慰當作是免費沒有副作用的安眠藥來使用，因此付出了他意想不到的代價。長期自慰成癮導致陰莖不敏感而遲射，他找了網路資料，試圖禁慾，卻因此導致壓力更大，高壓下又需要自慰紓壓，陷入惡性循環。

明明身體健康，想生小孩為何這麼難

曉雲的父母很擔心她會變成高齡產婦，總是詢問他們何時準備生小孩，曉雲只好說出偉傑遲射的事情。岳父岳母一直要求他要看醫生治療，甚至出錢要他們去接受相當昂貴的人工受孕。

初步身體檢查的結果，偉傑的精液和曉雲的生理功能是正常的，只是因為遲射，精液無法進入曉雲的陰道，他們就要一次次地打排卵針、經驗人工受孕辛苦的醫療過程，令他們感到很為難。

櫃姐的工時長，曉雲下班後總是報復式熬夜，玩遊戲玩到天亮。生活作息混亂的她，月經並不規律。曉雲總是盯著紀錄月經周期的ＡＰＰ，告訴偉傑今天要做愛，每一次無法在陰道成功射精，都帶給偉傑相當大的心理壓力。他覺得自己是一個做愛機器，為了生小孩而做愛，而且還是一台壞掉射不出來的做愛機器。

如果排卵日當天，二個人都剛好沒有做愛的情緒，何苦為了生小孩而硬要做愛？就好像沒有胃口卻硬要吃完媽媽煮的飯一樣，不餓為何一定要塞東西令人難以消化呢？

將性愛與生小孩的目的分開

關於遲射如何提高受精的機率，其實很簡單，我的獨家受孕祕方，就是排卵試紙加上一根拿掉針頭的五cc針筒，就解決了他們的煩惱。

我請曉雲透過驗尿使用排卵試紙，檢測尿液中的ＬＨ值以預測排卵期，是比單純計算月經周期，更為準確的檢驗方式，能夠大大提升受孕機率。算出排孕日之後，請偉傑射精在紙杯，使用無針頭的針筒吸入精液，靠著牆壁抬高雙腿，將針筒插進陰道，將精液用注射的方式噴進子宮頸，便完成了「居家人工受孕」。

偉傑與曉雲開始有共識，不再為了想做愛而做愛，不把注意力放在陰道「射精」，而是透過親吻、擁抱、口交、性交來體驗舒服與快感。平時就學習放鬆技巧，做愛時會更如魚得水，一起感受性愛是美好的，不去在意有沒有射精在體內，做累了就停下來，想做再繼續，用身體的親密接觸來表達愛意，不去在意生小孩的壓力，沉浸在性愛的歡愉裡。

他們夫妻其實都沒有什麼性經驗，導致性技巧不足，需要學習適合遲射的體位，其中他們最喜歡「平躺的背後式性交」，這個姿勢會讓偉傑的陰莖親密地進入貼合曉雲的臀部，讓陰道緊緊包裹著陰莖，從曉雲的後面抽插，一邊感受強烈的擠壓快感，一邊快速抽插摩擦，最後偉傑順利在曉雲體內射精。

接下來就是等著吃他們夫妻的紅蛋了，期待他們的好消息。

性治療師的溫馨小提醒

居家人工受孕法

對於想懷孕的伴侶來說，遲遲沒有射精就無法受精，這的確會讓人很心急，但請勿將性愛與生小孩連結在一起，不要把男人當生小孩的工具，對遲射的屌來說，很容易加劇症狀，即便你沒有性功能障礙，只要你有生育計畫，以下「居家人工受孕」方式，都可以提高受孕機率：

◉ **算出排卵日：**使用排卵試紙驗尿，尿液中的LH值能準確測預測排卵期，是比單純計算月經周期，更為有效的檢驗方式，坊間有計算月經周期的APP結合排卵試紙，二種合用能夠大大提升受孕機率。

◉ **排卵日當天：**請男性射精在紙杯，拿掉針頭，用針筒吸滿精液。請女性將雙腿張開，將針筒插進陰道（建議抹點潤滑液），將精液注射進子宮頸，用枕頭將屁股墊高，靠著牆壁抬高雙腿，不要讓精液一下子就溢出，停留約十分鐘，便完成了「居家人工受孕」。

第十個故事

好好先生症狀群，愈是硬做愈是無法射精

陳永仁臉色蒼白有點黑眼圈，慢慢地走進諮詢室，身材高瘦有點駝背，雖然沒有刻意微笑卻帶著一種溫和的氣質，穿著材質很好的襯衫。身後跟著的妻子是依潔，服裝不太合身，留著一頭長直髮，綁著低馬尾，有種中性氣質。

陳永仁是位外科醫師，在當實習醫生時期，就認識個性大而化之的依潔，被她開朗的個性所吸引。依潔大他五歲，在他的學校附近開了一間音樂教室，

交往沒多久二人就同居了。

即便實習值班很辛苦，回到家很晚了，永仁最放鬆的時刻，就是和依潔吃個宵夜，洗個澡擁抱睡覺，接下來自然而然地想做愛。

永仁做愛時很投入，很享受細膩溫柔的撫摸、口交等前戲，也喜歡帶給依潔高潮，總是會等到依潔說不行了，他才會停，做完有時都已是凌晨一兩點。醫院病房常規是七點晨會，雖然實習很累，每天起床都生不如死，一大早開會睏到不行，他都要捏著自己的大腿，免得自己在同仁前面睡著。但婚前憑著年輕，體力還吃得消，撐一下就過去了。

結了婚生了小孩、當了主治醫師，收入不錯，於是依潔就離職當家庭主婦，跑去NGO團體當志工。永仁壓力愈來愈大，醫院縮減人力、健保動不動就核刪、病人經常懷疑是否有醫療疏失，讓他疲於奔命，每天累得像狗一樣，於是當他為這個家拼死拼活，回到家看到家裡有些凌亂，或是老婆那不太合自己心意的教養方式就覺得心煩意亂，心中開始會莫名燃起無名火，一反好好先生的個性，看什麼都不順眼，讓依潔感覺是他刻意挑毛病，只覺得莫名其妙。

結婚十年來，二人的行為模式並沒有調整，經常是各忙各的，夫妻躺在床上經常已是深夜，依潔還是經常主動跨坐上來，把永仁的手放在胸部上開始呻吟，一周大約有兩三次要做到三更半夜，永仁一大早起床上班，看到老婆可以睡到自然醒，相對剝奪感油然而生。

永仁一向是個不擅長拒絕的濫好人，面對老婆理所當然的求歡，只能提槍上陣，只要太累想縮短前戲，老婆就會不滿地碎念幾句。依潔對外人比較拘謹，但對熟人則相當活潑，閒下來就愛隨口和永仁話家常講閒話，永仁老搭不上話，他的沉默寡言像是海綿，靜靜接收各種負面訊息，不免讓人好奇，這個吸滿水的情緒海綿，誰來幫他擰乾呢？

就像是他在醫院的班表，值班時間經常排得很亂，同事找他幫忙，他總是照單全收不知如何推辭，有人笑他個性也太好了，根本不像個醫生，他很無奈地說：「那有醫生的人設手冊嗎？我想學學。」

一天，依潔又主動索愛，他最近反對女兒珊珊去讀私立昂貴的幼稚園，和老婆意見不合而生著悶氣，但他也「硬做」，抽插到依潔的愛液都乾了，抽插到性器都有點熱辣辣的痛，他還是射不出來。到廁所發現，他的陰莖包皮都有點破皮，裂了一小口，讓永仁很不舒服，難受了一兩周。

他一向自豪，自己性能力不錯，加上細膩的前戲，算得上是一個好情人，可以滿足老婆的要求，甚至讓老婆達到高潮。但從那天起，永仁就開始遲射，無論多努力，就是無法在依潔體內射精，總是要自己打手槍才射得出來。

老婆對此無法接受，懷疑是自己變老變醜、或是生了小孩才會這樣，不顧老公阻止，花了大錢去做醫美以及陰道整型手術。這一切並沒有讓永仁更愛她，反而讓他大發脾氣，覺得錢應該省下來，以後可以送女兒出國念書，幹嘛做這些沒有意義的事。這件事像壓垮駱駝的最後一根稻草，堅定了永仁要和依潔離婚的決心。

「硬做婚姻」導致遲射

做婚姻諮詢時，才發現「做愛時間太晚」和「硬要做愛」這二件事，對彼此的感情生活殺傷力極大。當我詢問為何不改成早上起床再做愛，二人異口同聲回覆，一起床就要面對小孩、生活瑣事、工作的壓力，都沒有了性致。此時永仁講了一個糟糕的經驗，他們也不是沒試過早上做愛，接吻時被老婆的口氣薰到，又不好意思和老婆講，怕臉皮薄的老婆會不高興，硬是做完愛，導致他只要想到要早上做愛，就倒盡胃口。

什麼都忍耐，什麼都不說，陰莖會替你說話。沒感覺，它就是不想射。

「性」做為親密關係的產物，如果無法隨著生命的不同階段自然調適，一起面對，無論是愛情或婚姻，激情終有一天會被親密感與承諾帶來的安全感取代的事實，「硬做」最後會產生一定程度的反彈作用。

性是婚姻中相當重要的一部分，性方面的問題可能會奪走婚姻的親密感和活力，影響整個關係的健康。永仁和依潔的婚姻，沒有共同面對「性事」背後彼此的深層需求，導致婚姻走向破裂，十分可惜。

永仁其實並不想做婚姻諮詢，壓抑不滿情緒太久，他受夠了這一切，一心只想離婚。來到我面前，是因為依潔堅持，離婚前一定要先進行婚姻諮詢，否則她不簽字。看著這對曾經相愛的伴侶，變質的愛情將婚姻磨損成讓人想逃避的空殼，令人感傷。

依潔聽完這些年永仁壓抑的不滿與情緒，覺得既無辜又委屈。她的個性和永仁相反，一向大而化之，生小孩之前，還覺得個性互補，二人相處很不錯，也不曾聽過永仁抱怨。有了女兒珊珊之後，永仁對珊珊寵愛有加，開始經常為了教養的大小事，二人大吵，她才覺得婚姻出了狀況。

依潔不自覺地想用性來化解彼此的矛盾，用做愛來確認彼此還是相愛的，結果弄巧成拙，反而導致永仁遲射，連二人最契合的性生活都如此不堪，似乎已經到了走不下去的地步。依潔以前最討厭小鳥依人的女人，她從來都不是體貼、愛撒嬌的女生，但她也發現不夠敏感的個性配上老公的壓抑，才是今天婚姻破碎的主因。

男人不說不代表沒問題，習慣忍耐之後，連自己都不知道自己在忍耐。一旦我們遠離身體的感受，很容易忽略任何生理或情緒訊號。永仁壓抑對依潔的不滿勉強自己做愛，已經成為習慣——我們一而再地不依照身體感覺行事，也就下意識地習慣成自然，一直到性功能出狀況了，才面對婚姻真實的處境。

原來他只有對老婆才遲射

一對一會談時，永仁說出另一個祕密，最近他對於遲射的問題很焦慮，作為醫生的他，找了許多醫學研究文獻，想了解如何處理，但國內外的專業資訊非常少。為了確認自己是否有性功能障礙，和一直對他有好感的女性友人發生關係，結果他和外遇對象並沒有遲射的問題，他因而認定是對老婆已經沒有感情了。

和小三新鮮火熱的夜晚，再度讓永仁有活起來的感覺，也因此愛上外遇對象。而依潔還不知道，他也不打算告訴她。

我欣賞肯定永仁之前在這段婚姻所付出的努力。外遇這種事坦白從寬，紙包不住火，加上他們之間有小孩，關係不可能輕易切割乾淨。他習慣逃避隱忍、迴避負面感覺，在原本這段親密關係沒有處理的議題，也會發生在下一段關係裡。

肉體的新鮮感與關係的甜蜜期會過去，住在身體裡的負面想法與認知模式沒有加以克服與改變，遲射如同婚姻的模式，還是有可能會反覆發生。

諮詢時依潔悔不當初，認為自己在婚姻裡安逸久了，太過理所當然了，她很想重新開始，對自己做不好的地方也在深切反省，我詢問永仁，是否要給彼此機會，再一次調整親密關係與性生活？

永仁不置可否地搖頭說：「我的遲射沒問題了，諮詢可以結束了。」

這幾年，輾轉聽到永仁的消息，他因外遇離婚賠了一大筆贍養費，又結婚了，生了一個女兒，然後又離婚……。

第十一個故事

擺爛遲射男遇到難伺候的床上公主

「性」這件事很有趣，男女在同一張床，做著同一件事，內心有時卻是二個世界。空姐嘉鈴一下飛機，換了便服就直接拖著行李過來找我諮詢，不確定是上一次的會談，取得嘉鈴的信任，還是性格使然，她一見面就氣噗噗抱怨：「我真的太生氣了，前幾天問男友醫生開的藥有沒有吃，他竟然都沒吃，我說你不吃吃看怎麼會知道有沒有用，當初不是說好兩個人談不攏，要交給醫生處理嗎？我們現在看醫生了，你又不相信醫生，他推說等驗血報告出來再吃，問他什麼時候驗血，他說他抽血單弄丟了，已經講好要找專業協助解決問題，他現在又給我擺出勉強被逼的臉，什麼態度！」

她氣得白眼翻了兩翻，又連珠炮似地說：「我真的很希望我們可以手牽著手開心面對，而不是現在這個樣子，當初不是說好要治療性功能障礙？所以我昨天有跟他講，你不要到時候又講一大堆理由，這是關係我們將來能不能在一起，而且我們兩個就是沒辦法解決才去找專業協助的，我跟你的感情我全部都賭在這裡，我不想每次一直重複在講這個事情，他前面都講好好好，然後事後又一副被勉強的態度。」我還來不及回答，她又接著說：「我真的受不了他的裝傻，我經不起再一次被敷衍，我不想要和他在一起要守活寡，梁老師，我該怎麼辦？」

我抓住空檔請她喝杯水先緩口氣，我刻意放慢說話速度，讓她冷靜下來：「你們之間的性問題，不只是單一關係的問題，可能還隱含了內在人格與因應問題的模式。」

我多年來的臨床經驗一再發現，身心是交互作用的，內在性格的擺爛，可能也會反應在性功能的擺爛。以嘉玲的男友政宏為例，答應來看醫生，卻又有種種藉口不配合，這些跡象都顯示他其實是在「抗拒」。性功能障礙對男性來說是一件很難面對的事，很有可能不想看醫生，但又不知如何拒絕伴侶的要求，只好半推半就。我對嘉玲說：「也許你無法理解，但人類所有的行為都是有功能的，他也許是用「擺爛」保護自己不要受傷。面對問題需要勇氣，有一種努力就是『努力讓自己不要努力』，因為沒有努力就不會受到挫折。」嘉鈴此時又急著從這個問題跳到另一個問題：

「請問可以請他戒掉A片嗎？我覺得可能是他看太多A片，才會射不出來，他要我做的都是一些『重鹹』play，不是趁著我在和別人講電話直接上我，或者約會看電影要我不穿內褲，不然就是要我自慰或用玩具DIY給他看，這些正常女生誰做得到？我可以接受在沙灘跟你做愛、在辦公室跟你做愛，但他的要求，說難聽一點是不是有點快接近變態了呢？他總說前女友可以接受，但我感覺他把我當作洩慾工具，所以我跟他像是處在不同的『性』世界，我們有辦法治嗎？」

如果連我都感受到女方的急燥和強勢，對於這段關係，男友應該也有他的為難之處，我建議她下次帶男友一起過來。我耐著性子解釋：「A片的確有可能是男友『性腳本』的參考來源，但基本上是無意識的，看A片自慰的習慣可能已經持續幾十年，除非他自己想戒，否則要求男友戒掉是很難的。」

「你和男友的性問題主要是二人想要的『性心理腳本』不同。你的男友性腳本是『女友講電話直接上她、要女友不穿內褲看電影、女友自慰給我看』，而你的性腳本是『在沙灘做愛，在辦公室性愛……』，這沒有對錯，你用指責的方式說他的性腳本是變態，反而會加強你前面抱怨的擺爛行為，對這段感情只有傷害而沒有幫助哦。」

「所以我男友到底有沒有救啊，我可是放棄很多人對我的追求，選擇和他一起的，也有機師對我窮追不捨的，我真的很擔心自己選錯人。」嘉鈴用手不停擺弄著胸前的領巾，精緻妝容的臉上流露出不耐煩的神色，讓我覺得我以上的回覆，顯然她是沒有聽進去。

我們許多習以為常的性，其實很多都是在社會規範文化中被限制的，例如男上女下、男主導女配合，不能有其他超出社會常軌的性（例如肛交……）。在性刺激與性愉悅的世界裡，每一個人的引發性慾的情境都是獨一無二的，有的人戀足、有的人戀胸、有的人乳頭沒有感覺、有的人喜歡口交、有的人厭惡口交……，有的喜歡打野炮、有人在外面做愛無法勃起，沒有對錯，也不應該因為彼此有差異就歸類為變態。

嘉鈴和政宏是朋友介紹認識的，政宏剛好符合她的理想條件，家族從事營造業，家境寬裕，身材高挑氣質斯文，沒想到私下政宏性慾很強，交往之初正打個火熱，沒發現有什麼問題，不到三個月，就發現他做愛要硬不硬，做了也射不出來，這讓嘉鈴很難忍受，覺得男友有性功能障礙。

嘉鈴當了六年空姐，年紀即將奔三，希望可以談場有結果的戀愛，往結婚的目標邁進，哪知後來性生活如此不順。政宏認為自己沒問題，以往和前女友都可以，不認為自己的狀況需要處理，但還是配合嘉鈴看了泌尿科門診，拿了藥就隨手丟著不想吃。

隔了一周，嘉鈴帶著政宏一起過來諮詢，她一股腦地把上次的抱怨重說一遍，政宏沉默不語，我請女友先離開，只有政宏和我單獨說話時，他立刻說：「我想分手了，我覺得和她在一起好累。」

接下來，他一開口講話，和白淨斯文的外表反差很大，讓我驚訝到下巴合不起來：「老師，我剛開始覺得交到女友是空姐，根本性幻想成真。哪知要求她穿一下空姐制服和我做，她不要，說我變態。她來我家只會在那滑手機，每天穿寬鬆的睡衣倒在床上，看影片笑得半死，披頭散髮也一點都不性感，一點魅力也沒有，我手摸上去，馬上推開說要看影片！是在哈囉？

「我前女友沒有她漂亮也沒有她身材好，但她會說：『北鼻我今天想吃你的大棒棒。』會穿性感內衣跟我玩很多花樣。我現在都寧願看A片打手槍，還不用看女友的臉色，多爽。」

「聽起來，你的不滿累積很久了，你確定已經決定要和她分手了嗎？你和她提了沒？」他直言不諱，我也直球對決。

「我才懶得提分手，分手這種事，等她自己受不了，讓她提就好，懶得跟她吵。」

這樣性生活不對盤的伴侶，其實不少。女性的情慾長期壓制，自我難以覺察，怕被講成「淫蕩」、「不檢點」等負面標籤。有時女生會犯了「床上的公主病」，等著男生來發動攻勢，像是睡美人一樣等著被王子親吻，喚醒自己的情慾。

交往初期愛戀之火正旺當然沒問題，再美的女人如果在床上一直被動地像公主一樣，時間久了，男人一直要在床上要伺候公主，久了也會累。無論你多漂亮身材多好，性是一種情感交流與互動，如同感情一般，只有一方付出是無法長久的。

台灣教育裡，性與情感教育一直都是空白的，導致許多人都不認為「性」與「關係」遇到問題是可以透過用心經營而改善的。加上政宏外貌佳、異性緣好，「換下一個」遠比去嘗試接受性治療、努力學習溝通、好好經營感情、勇敢面對吵架磨合，來得輕鬆容易得多。在感情裡會擺爛的人通常是「沒有意願或沒有勇氣」，以及「沒能力去處理關係裡的困難」。

太累得不到肯定的屌，很真實地反映出，他對嘉鈴沒感覺，就算做愛也是硬不起來不想射，但政宏並不想面對這段關係需要磨合的部分，他和他的屌一樣，只想要爽，於是就形成遲射。

人性就是這樣，如果可以，大家都想當好人，沒有人想扮演壞人，因此關係只要出了任何問題，擺爛的人所選擇的方法就是不解決問題、等著對方自己受不了，然後換下一個。不斷重複「遇到問題選擇不去面對」的人生模式。

最後，我詢問嘉鈴，男友的付出，她是否有感覺到？

她說：「有啊，一開始送花燭光晚餐都沒少過，我收過最貴的名牌包就是他送的。我飛來飛去太累，他也會幫我按摩，但我不想做那些很變態的要求，叫我要穿性感內衣之類的，我就感覺他冷掉了，沒有以前對我這麼好了。」

我提醒她，男人其實很簡單，性是他們最重要的快樂來源。他們就像電池廣告裡那隻打鼓的玩具兔，需要充電一樣，滿足男人的情慾，帶給他們性愉悅，他就願意給你全世界，相愛不就是彼此給予相互取悅嗎？

嘉鈴很不高興，認為是男友有遲射問題，怎麼好像是自己也有問題似的？

我說：「性愛是雙人舞，一個人跳不起來，不會是單方面的問題，你們彼此都要學習。

「如果你繼續單方面的要求，卻不肯理解男友的需要，他就會用隨口承諾來安撫你、敷衍以躲避你的要求或找藉口唱反調等，讓你們的愛情形成負面的相處模式。結果是讓你自己一直處在生氣焦躁的不舒服狀態，這樣值得嗎？」

嘉鈴不以為然，「算了，我還是跟追我的機師在一起好了。男友以後一定會後悔沒有好好珍惜我，哼！」

♂ 性治療師不外傳的祕技 想射就射自主守則

關於遲射，你需要知道的性智慧

「性」反映的是一個「人」的整體，做愛是一門用身體溝通交流的藝術。改善遲射，需要性智慧，發展心理學大師羅伯特．史坦柏格（Robert Sternberg）提出「智慧三元論」主張人類智慧行為有多個面向：一為內在心智機制，二為經驗，三為情境。

我認為「性智慧」有三個意涵，一是自我覺察，體會身體的智慧，能夠敏銳分辨內在的感受與身體的感受。第二是學習正確對待身體的方式，從經驗中自我了解，知道自己到底怎麼了，能夠調整身體的感受和狀態。第三是在性的互動現場進行情境管理，甚至轉換情境來調整感受。

屌是不折不扣的享樂主義者，你其實不是屌的主人，快樂才是。屌平時被你壓抑控制，以前它想射你不准它射，現在它不想射了，你也無法逼它射。解放屌吧，它擁有不射精的自由，哪天它感覺對了，在做愛之中找回愉悅的感覺，爽夠了，想射自然就會射了。解放屌，容許它擁有「老子就是不想射」的自由。

自主守則一：改變遲射伴侶的認知，心理高潮比生理高潮重要

很多男人很羨慕遲射，認為這是一種奢侈的煩惱，也不理解為何是一種問題？遲射最令人為難的，是因為男人很難假裝，不像女人的性器是內隱的器官，

性交最後是否高潮射精，男人無法隱藏。

古羅馬詩人奧維德在《愛的藝術》中建議女性應該假裝高潮：

所以，親愛的，感受這深入骨髓的歡愉吧！和妳的伴侶分享，一邊說著愉悅而俏皮的情話絮語。如果造物拒絕讓妳感受如是歡愉，那就教妳的嘴唇說謊吧，說妳體驗了一切。感受不到愉悅顫慄的女子是不幸的，但如果妳不得不假裝，也不要過於矯飾而出賣了自己，讓妳的動作與眼神結合一起欺騙我們。讓這個幻想在氣吁軟語中完成。11

原來從西元二世紀開始，男人就希望女人假高潮以滿足男人的性幻想。台灣婦女健康學會曾公布「台灣熟女假高潮」調查報告，顯示近半數內受訪婦女在性行為時曾經「假裝高潮」。事實上，女人經常在性愛過程假高潮，過程中演得如此賣力，極力希望自己有性感魅力以取悅男人，男人最後射精就是魅力的證明。

男人、女人就別為難彼此了，其實用男人射精來證明女人的魅力，也是一種迷思，如同用女人的高潮證明男人的性能力一樣。女人其實不用假裝高潮，男人也不用在意最後是否射精。「性」字由「心」和「生」組成，性取決於相愛的二人，在其中的情境氛圍的心理高潮，其實是比生理高潮更重要的事。如果我們把重點放在滿足自己的成就感，渴望自己被需要，就會忽略心理高潮比生理高潮還要重要的事實。

性愛非日常，是生命中特別的場景，脫光衣服的我們能夠有機會探索彼此，瞭解彼此喜歡什麼，學習如何溝通自己最深沉的慾望。男人有沒有射精並不影響一場美妙的性愛，和女人做愛，享受的是肉體的溫暖，相處的愉悅，而不是

---

11 引文出自奧維德《愛的藝術》（或譯《愛經》、《羅馬愛經》），原文為拉丁文，此處根據英國翻譯家路易士・梅（J. Lewis May）的英文譯文編譯而成。

最後的射精。事實上，酣暢淋漓地投入做愛，愉悅不停累積，本身就是一件美好的事，高潮與否只是副產品。無論男女，越刻意高潮就越無法高潮，享受過程才是最重要的。高潮和個人體質、身心狀況與伴侶的經驗技巧都有關，性愛需要從經驗中學習，不是單憑個人努力及學習就能達成的。

不要過度在意高潮這件事，不帶目的性，調整成「有沒有高潮無所謂，只要感覺舒服就夠了」的心態，遲射就不會是困擾。親密關係裡，性行為除了排解性慾，彼此需要、鼓勵、溝通、配合，讓感情因做愛而加溫才是最重要的。

自主守則二：自我覺察，檢視習慣，找出原因

遲射與自慰習慣有關，許多遲射個案因常見自慰習慣導致遲射，習慣躺著

尻，所以腳自然會伸直，甚至會用力伸直刺激肌肉來達到射精，又或是會用按壓的方式刺激龜頭達到高潮，這些都不是平常做愛會有的行為，所以才會導致正式上場完全無感。

有些遲射是因為特別喜歡用飛機杯，現在的飛機杯都做得非常好，擬真的強度甚至高過女人陰道。如果有早洩的困擾，使用飛機杯訓練可以持久、硬度變好，但愈用愈緊，導致飛機杯上癮，過度使用的結果，有個案因此跟伴侶性交和使用手自慰時都沒有快感，甚至在中途就會軟掉無法射精。

除此之外，建議自我審視是否有以下生理成因，年齡的增加會降低男性陰莖對性的刺激度和敏感度，或是否服用一些抗憂鬱或降血壓類型的藥物導致不良反應。過度酗酒或服用娛樂性藥物也會造成神經系統傷害疾病（如糖尿病而破壞血管和神經）。

心理因素較為複雜，有可能是親密關係、宗教信仰與錯誤性愛觀念……種種原因導致，如果你是身心混合型，找出原因較不容易，請尋求專業人員協助。

自主守則三：感官集中訓練，學習正確自慰

勃起與射精作用如同蹺蹺板，有些男性習慣在高強度或異物刺激（非類陰道抽插）的自慰模式下自慰，因為在做愛時無法模擬出與自慰時的高壓高速高強度的感覺，應重新學習正確自慰的方式，從方法、速度、時間及節奏，全部都要砍掉重練。分為二類：

一、**增加敏感**：如是過度自慰造成的不敏感，要記住蹺蹺板原理，參照第二章的動停法緩和刺激，刺激興奮來回，讓自律神經慢慢透過感覺神經系統的回饋，重新建立回饋機制。

二、減緩刺激：如果是沒有感覺導致的遲射，可用軟鬆的飛機杯來練習，插進去幾乎沒有什麼壓迫感，如果能夠用這個杯成功射精，就代表訓練成功。

注意：如果連自慰都無法射精，則是達不到興奮點觸發交感神經，則有可能是感覺神經系統與自律神經系統連結發生困難或是斷聯，像是玩蹺蹺板時另外一頭沒了人，就是整個蹺蹺板壞掉了，此狀況請就醫治療。

自主守則四：拒絕啞彈，不要壓抑射精感

如果你沒有早洩的問題，過度壓抑忍住不射是錯誤的決定，有感覺就順其自然趕緊射出來。大部分男性都被灌輸做愛一定要持久，導致做愛時會不自主地控制，逐漸在該射精的時機無法射精。射精感有時像睡意，錯過了就一去不

復返，忍住沒射，接下來就再也射不出來了。想射時卻無法射精，大腦仍然會興奮，但就是一直維持在八十%，最後那二十%衝不上去，想射卻射不出來其實很不舒服。

自主守則五：A片排毒

不過度依賴視覺上的刺激，簡而言之就是不看A片，從每周減一天「A片排毒日」開始：有些人每天都要看，甚至連上班時間都看A片，不看A片甚至出現焦慮、自律神經失調、身體不適等狀況。如果看A片已經影響到你的日常生活，可以試著漸進減少看A片次數，例如從每天看A片減到每周排一天「A片排毒日」，有意識地奪回生活自主權，生命還有許多值得探索、有趣的地方，被滿腦子的色情內容綁架的日子，你還要過多久？

自主守則六：射不了，只因還沒到銷魂處

利用金槍不倒的優勢，嘗試解鎖各種進階版的性愛，用玩樂的心情享受性愛，學習更「密合」的性愛姿勢，體驗不同的刺激。如男方側躺在女方身邊，女方背對或面對伴侶，然後「進入」；或是女方併攏雙腳的傳教士進階版；女方在下方側臥，男方跨坐在一條腿兩側的側入式等刺激度高的姿勢，加上快速抽插，可幫助男方興奮射精。

自主守則七：找回全情投入的性愛與增加新鮮感與刺激感

偶爾轉換性愛的環境，利用情趣玩具輔助，練習情趣按摩與設計幾種情趣遊戲，都能讓屌快樂起來，找回射精的衝動，找回初夜的悸動，享受性愛的歡愉。

◉ 例子一：骰子扭扭樂

除了正規扭扭樂（顏色對應觸碰的身體部位）還有標註不同身體部位和不同動作的骰子，透過隨機的組合，嘗試未曾經驗的接觸方式。另外，像是結合最近流行的桌遊也是有趣的玩法，像是《四十八手體位床遊卡》彷彿體位教科書，建議利用「體位模擬」的方式先試看看，雙方先練習不用實際插入的性行為，好玩輕鬆無負擔。

◉例子二：各式按摩油、蠟燭按摩油與羽毛、冰塊等不同觸感質地的物品

蠟燭按摩油除了提供香芬舒適的情趣環境外，溫熱的按摩油也讓按摩感受更上一層。放性感音樂、戴眼罩、感受羽毛的輕柔刺激，嘗試不同溫度、質地的肌膚觸摸，還可能開發出從未發現的性敏感帶，享受屬於成人的性愛遊樂場。

◉例子三：慾望清單

說出自己的性幻想有點不好意思的話，就邀請伴侶一起寫下。在紙條上寫下時間地點服裝角色……甚至對白、語氣，如何觸摸身體的哪個部位，或是使用按摩棒等細節。一起來探索人類最愛的性器官：大腦與想像力。

◉例子四：驚喜盒子／倒數日曆

可以使用以上所有的情趣用品，放入盒子內隨機抽取。或是購買情趣商品品牌推出了倒數日曆禮盒，滿滿一個月每天一個情趣小禮物，例如手銬、眼罩、潤滑油、按摩棒、指交套等。

在體驗這些情趣遊戲前，務必請先與伴侶溝通有意願探索嘗試的範圍與明確不能觸碰和做的事。雙方必須完全尊重與接受彼此的條件，並且設定「安全詞」只要超過能承受的範圍或感到不適，只要任何一方說了「安全詞」就必須絕對尊重地停止。

第四章

性成癮

現代多元、矛盾的性

「我是不是性成癮？」經常有人這麼問我。性成癮涉及許多灰色地帶，對現代人來說，這是需要更多思考、對話與討論的一個章節。

對比男人避之為恐不及的早洩、陽痿、遲射等性功能障礙，有些男人期望可以拿到「性成癮」的診斷證明，躲在「性成癮」標籤後面，彷彿就有了擋箭牌，面對道德指責，似乎就可以不需面對行動後果。

性慾強，不代表性成癮。劈腿成性，也不見得是性成癮。

有一則笑話讓我印象深刻——

老公深夜不回家，憂心的妻子打電話給媽媽。

媽媽安慰道：「別擔心，有可能只是出車禍。」

這雖然是個笑話，卻提出一個嚴肅的問題。如果讓你選，你寧願深夜未歸的伴侶出車禍，還是他外遇但平安無事？「愛」一個人自然是希望對方幸福快樂，但「愛」是有條件的，前提是不能「劈腿」?!

近年來，隨著國內外形象良好的名人「人設翻車」，劈腿與開放關係的議題也引人關注，「性成癮」的討論愈來愈夯。研究婚外情類型與對婚姻不滿程度的學者葛萊斯和萊特，一九八五年曾發表著名的統計結果[12]：在不忠於配偶的人之中，有五六%的男人和三四%的女人將他們的婚姻評定為「快樂」或「非常快樂」。在婚姻美滿的狀況下，即便付出的代價如此巨大，可能會因而身敗名裂，但當事人卻身不由已?!

自古到今從來不乏「陳世美」的角色，每個世代都有劈腿的難題，尤其這是一個交友軟體不小心就成了約炮軟體的時代，這個世代的誘惑似乎更多。對

12 原論文〈婚外情類型與婚姻不滿程度的性別差異〉（Sex differences in type of extramarital involvement and marital dissatisfaction）由雪莉・葛拉絲（Shirley P. Glass）和湯瑪斯・萊特（Thomas L. Wright）於一九八五年共同發表於期刊《Sex Roles》。

出軌的人來說，只要沒人發現，這可能只是一個無傷大雅的小插曲，轉身即忘。對被背叛的伴侶而言，「愛與死」可是人生大事。

其實，所有的「劈腿」情節都差不多，最讓人受傷的，是被自己深愛信任的人欺騙的感覺。因為親密關係「沉沒成本」[13]太高，很難輕易轉身離開，但被背叛又如此痛苦，陷入離不開又放不掉的兩難困局，因而產生巴不得對方死掉的想法，是很常見的。

世俗婚嫁將談戀愛通常是一種「等值交換」的概念，一旦被背叛，我們就覺得虧大了，缺乏價值感的痛苦伴隨著恨意接踵而來。特別是婚姻與小孩，將彼此綁在一起，無法改變對方又無法釋懷，處在矛盾的關係困境[14]。

於是「我老公這樣算是性成癮嗎？」成了熱門問題。因為外遇而懷疑伴侶是否有性成癮，前來求助諮詢的人不在少數。許多老婆渴求一個理由，**我老公有病所以他外遇**，試圖給這個婚姻一個台階下。「有病要看醫生」，明知道問題沒那麼簡單，但還是希望有人可以把老公的外遇給治好。來看性治療師求助都算是少數，無論學識高低、社經地位，許多老婆花大錢去找乩童斬老公爛桃花的，可是大有人在。

當男人為自己的「原罪」煩惱，知道自己犯錯卻又忍不住辯解說「我犯了全世界男人都會犯的錯」，其實這個錯，女人也會犯。事實上，為自己「性慾低落」而煩惱的女性很多，擔心自己是否「性成癮」的女人很少，兩者完全不成正比。

男人外遇和女人紅杏出牆看似同一件事，文化上的差異卻是南轅北轍。可能是女性的性慾被社會文化長期壓制所致，很少有女性求助者詢問自己是否有

13 沉沒成本（英語 Sunk Cost），是經濟學和商業決策制定過程中的概念，指已經發生且不可收回的成本。

14 現代年輕人對此已經覺醒，既然婚姻如此難經營，那我不結婚總行了吧。

「性成癮」。女人的「性成癮」不只是和「蕩婦羞辱」扯上關係，還買一送一，直接送上伴侶一頂「綠帽羞辱」。

「小王」傷害的不只是心理健康，更是父權文化的一種挑戰。男人渴望女人像蕩婦——卻「只能」在自己的床上，在家像主婦、出門像貴婦的期待，更像是一種男性集體防衛機轉。這樣的期待並不合理，有魅力的女人在任何地方都會自然散發性魅力，男人為之心蕩神馳卻又拿她們沒有任何辦法。

法國作曲家喬治．比才著名歌劇《卡門》裡，女主角卡門必須被殺死，就像是一種解決男性焦慮的必然結局。男人的憂傷，只有屌知道。要管好自己的屌已經不容易了，還要管好女人的貞操，在現今社會更是難上加難。

許多人都很羨慕我的好友秀楓，有個超疼她的好老公。她雖然不算是大美女，卻很有她的韻味，認真化起妝來，眼神超電人，會打扮保養又有事業心，她家境不好，走的是技職體系教育，一路從高職念到研究所，對自我成長有著超強動力，她從學生時期就認識大仁哥，談了十幾年戀愛準備要結婚，朋友聚會常見大仁哥溫馨接送情，常自嘲自己是馬子狗，感情好得令人嫉妒。

那天我們幾個朋友參加完活動後，找個飯館吃飯聊天，剛好男人們的伴侶都缺席，大家就聊起我從事的性治療話題。阿龍，興趣是看美女，眼睛特愛吃冰淇淋，經常忍不住當著老婆小曉的面偷瞄辣妹，讓小曉很沒面子。阿龍趁老婆不在，老愛開玩笑說自己性成癮。大仁哥笑著揶揄他說：「這年頭很愛講性成癮，花心就花心，幹麻講得這麼複雜啦！」阿龍回：「你不懂啦，明明就是性成癮害我一生，我結婚前沒有百人斬至少也超過五十人次以上。你只有跟秀楓做過，你不懂我的心情啦。」阿龍說完眼中還帶有得意的神情，接著就開始宣洩婚姻生活的不美滿，因為小孩還小，勉強維持不離婚。小曉不想做愛，他也對小曉性致缺缺，無性婚姻像是一場詛咒，讓他很後悔結婚。

眼看聚會負能量超標，我轉移話題問大仁哥為何對秀楓這麼好，秀楓有什麼馭男術嗎？他回道：「既然你是性治療師，我就和妳說實話，我女友的陰部是『名器』，哈哈哈！」

「不過，我很遜，只和秀楓做愛過，無法和別人比較，但我覺得和她做愛實在太舒服了，所以我會說她是名器。」阿龍聽到這話簡直不可置信，大聲嚷嚷著：「那是你經驗太少，沒有比較值，你一直和同一個女人做愛，做不膩哦。每天吃同一家便當店都受不了，更何況是女人。」

大仁哥說：「我們的性生活在不同階段都有很多變化，我到現在還是覺得和她做愛很新鮮。從我們十八歲第一次做愛到現在十年了，我還是覺得像剛談戀愛一樣。」

「最近她去學高跟鞋舞，我很好奇，叫她跳給我看，但她說很難學，跳不好叫我不要看，但自從她學了性感舞，連簡單擦個乳液、脫個絲襪的姿勢都很性感，讓我血脈賁張。上次約會我陪她去海邊淨灘撿垃圾，結果她穿超短牛仔褲，一直彎腰讓我看到翹臀的曲線，真不知她是不是故意的，害我活動結束馬上回家大戰三百回合。」

阿龍還是笑他應該要多嘗試和不同的女人做愛體驗人生。大仁哥反問說：「那你知道同一個女人，月經前後陰道插起來有不一樣的收縮變化嗎？」

阿龍不以為意：「明明是同一個陰道，你想太多。」

我忍不住插嘴補充：「女人陰道是可以把小孩生下來的通道，是很有彈性與力量的，高潮時的身體變化，會讓陰道肌肉不自主收縮，月經前後的荷爾蒙變化與濕潤程度的確都不相同。」大仁哥接著說：「真的像是不同的陰道。連乳房都會不同，有時候摸起來特別軟，有時候乳頭會特別興奮，光是親她，她就會特別有感覺。感覺每次做愛都不一樣。或許就是因為我都和同一個女人做愛，我才能察覺到原來女人的身體有這麼多變化。你太忙了啦，一直換女人，所以無法體會和同一個女人做愛的快樂，哈哈哈。」

阿龍一反常態，突然一本正經：「如果時間能倒流，我也想認真經營感情，不要拈花惹草，麻煩事一大堆，超鳥的。回想起來，很多女人打完炮就掰了，不要講插進去的感覺，連臉都不記得。」大仁哥驚訝道：「你這樣不空虛嗎？」

阿龍聳聳肩：「來不及了，吃過麻辣鍋之後，吃什麼都沒感覺。上次去參加音樂祭，我還遇到外國妞，大家一起玩多P，外國妞超狂，真是太刺激了，回家根本不會想和老婆做，比起來實在太無聊，連硬都不會想硬。其實我很想念第一次牽女友的手就勃起的感覺。」阿龍連自己都沒想到，自己竟然會羨慕起大仁哥，若有思地慢慢倒了一杯酒，小聲說：「唉！回不去了。」

每個人一生都在跌跌撞撞的嘗試，找尋一切方法讓自己不再孤寂。性是一種活動狀態，愛更是超越性的智慧。從小到大，沒有人會教導我們什麼是「性」，更沒有人會教導我們什麼是「愛」，性是一種能力，一種對伴侶的深入的親密接觸，是一分狂喜，愛又何嘗不是。

你覺得「性」難以啟齒嗎？其實，對男人而言，「愛」才是最難以啟齒的話題，男人的「性」總是一個不小心在茶餘飯後談起來，而愛到底是什麼？許多男人連想都不敢想。

佛洛姆強調「沒有愛，人類連一天也不能存在。」、「愛是人類生存問題的唯一明智及滿意的解答。」但「愛」是如此重要，對男人又如此陌生。比起學習「愛」這門藝術，幻想用屌去征服全世界的女人，或許容易得多。許多前來探討性成癮問題的男人，需要的或許不是特效藥，他們的故事需要性智慧來面對，學習去愛，不怕受傷，也許是解方。

和大家推薦幾部談「性癮」的電影

- 《性愛成癮的男人》(*Shame*)
- 《性愛成癮的女人》(*Nymphomaniac*)
- 《超急情聖》(*Don Jon*)

這些電影講的雖然是性成癮，最終講的還是愛無能與關係疏離的問題。其實，大多數人對性都有慾望，只不過被道德與責任壓抑著。而有些壓抑愈深的人，往往愈控制不了自己，反而造成社會問題，美國賓州揭發當地有三百多名神職人員，性侵兒童多達一千多人，後來爆發全球都有數量眾多的神父性侵案例，就是過於性壓抑的例子。不帶羞恥接納自己的性慾，放鬆且愉悅地享受性帶來的樂趣，絕對有助身心健康。

第十二個故事

我老公是性成癮嗎？離不離都難！

「梁老師，我是否要離婚？」在諮詢室裡，脂粉不施，氣質楚楚可憐的映霞。

映霞說：「我接到一通電話，說我老公下班後兼差做性按摩，生意很好，叫我要管好自己的老公。他是公務員，我們從學生時代開始交往，結婚二年，小孩一歲多了。大家都很羨慕我們，說我們是模範夫妻。」

映霞回憶自己念護專那年，兩人因社團活動認識，「還記得剛交往時，我們做愛真是打得火熱，總是我受不了才喊停。他人帥又溫柔，朋友都羨慕我。」

但好景不常，激情之後沒幾天，映霞排尿困難，陰道搔癢、陰唇長出小顆粒，學護理的她知道不對勁，連忙去找醫生看診，結果是泌尿道感染加上菜花。醫生要她找伴侶一起接受治療。「從那天開始，我們的激情就退卻了，我們沒有討論過菜花是誰傳染給誰的問題，因為一定不是我，我只有他一個伴侶，我沒勇氣問他，就讓這件事過去。」

「這件事過後，我們的做愛就變得平淡如水，比較像是要交功課，一個月做一次。結婚後，他說要讀研究所進修，下班常不在家。我要輪三班，回到家常常精疲力盡，加上我很信任他，很少過問，也不看他的手機。現在才知道，他跑去兼職性按摩，打電話來的人，好像是他的同行，覺得他的生意太好，擋人財路。」

這通電話，讓映霞的人生從此不同。眼前這個男人她突然不認識了，無法接受的她對老公文武下了最後通牒——要他接受諮詢，否則離婚。

心不甘情不願的文武，晚了十五分鐘才姍姍來到諮詢室，他有一雙看似憂傷的深邃眼睛，就像影星梁朝偉，長著讓女生嫉妒的長睫毛，合身的黑色T恤，看得到隱約的肌肉線條。他一坐下來就抱怨下班尖峰台北的交通實在太擁擠，以此代替遲到的道歉。

我不急著分析或給出建議，反而首先試著同理他最近發生的狀況，整件事令人難堪，一定讓他很不好受。他的地下職業如果被曝光，對外可能危及他的工作，對內要面對老婆的情緒，不知如何處理心情一定很糟。

文武沒想到我用如此溫暖的態度理解他，逐漸敞開心房，我們談及為何會走到今天這一步。國一那年，無意中發現網路裡的新大陸，就開始每天找A片打手槍。後來和初戀女友做愛，感覺現實的女生都比較被動，和A片不一樣，做一做都差不多，覺得有點無聊。直到他開始約炮，這些出來約的女生都是很享受性愛的，而他更享受帶給女性高潮的感覺。

他忘不了晚上熬夜泡在網路聊天室，終於成功約到炮的感覺。當高中男同學都還是青澀的小毛頭，只會在家打打手槍、對女同學開著無聊的黃腔，他就已經累積了許多性經驗。他說當時約到一位條件不錯的炮友，只有下午有空，他還翹課跑去旅館打炮，然後再匆匆趕回學校，一切的一切，都讓文武不禁產生和同齡男孩處在不同時空的錯亂與優越。

後來遇到了映霞，他一度停止了豐富的約炮生活。當女友得到菜花，文武覺得是自己害了女友，對自身產生了種不潔感，對女友的性慾也就此冷卻了下來，又開始尋求投入不同女人懷抱的刺激。

運動神經發達的他，國中進入籃球校隊，教練非常欣賞他的天分，高中本想朝向職業選手發展，父母極力阻止，被逼著上大學後來要他考公務人員。對於這個人生選擇，他時常感到懊悔。婚後生活枯燥無聊、公務人員的生活穩定但乏味。後來，有人介紹他去做性按摩，他幾乎是立刻就愛上了這個工作。

從此，他過著雙面人生。白天，他是公務人員；晚上，他是猛男按摩師，按摩只是前戲，重點是後面的性服務，他可以透過自己約炮而來的豐富性經驗，拿捏著女性喜歡的互動節奏與情境，用口交、手技、親吻或插入等技巧，使女性高潮，為一個又一個的陌生女人帶來性福。直到老婆發現他的另一面。

告密電話之後，映霞開始懷疑人生，自以為過得平凡且幸福，這個婚姻真相讓她難以承受。她需要老公告訴自己，他是否真的愛她。

問了好幾次，老公都回答不出來。吞吞吐吐了許久，他的回答竟然是「不愛」。

這答案讓老婆崩潰。在諮詢室裡，老公才說出完整的想法：「我做出這種事，有什麼資格說愛我老婆。我自己都沒辦法接受我自己了。所以我只能回答，我不愛。」

我問，「那你對老婆真實的感覺是什麼呢？」他說：「老婆是這世上最善良的好女人，沒有她，我的人生也沒有意義了。」

我接著問：「和你做過愛的女人這麼多，誰是你人生最重要、無可取代的女人？」

「當然是我老婆！」

映霞聽懂了「不愛」背後，是很深的內疚與自責，她相信這也是愛。映霞願意原諒文武，只是希望老公不再背叛她。文武迫於形勢，洗心革面刪掉交友軟體，不再從事性按摩，但他們的性愛還是例行公事，有幾次把孩子哄睡，老婆看到老公看A片打手槍，於是穿上性感內衣，想找老公享受性愛。但老公的反應是，這是我獨處的時間，請妳不要打擾我。

這些拒絕如此難堪，老婆再度有了想離婚的念頭。

理解之後的新型態親密關係

在諮詢室，她用哀傷的眼光看著文武，訴說自己很羨慕那些女人，可以享受被自己老公服務的感覺。映霞落淚了，我好像乞丐，乞求老公跟自己做愛，我就這麼沒有魅力嗎？

「不然這樣好了。」老婆丟給老公一本《道德浪女：多重關係、開放關係與其他冒險的實用指南》。「我們來試試開放關係，我也是女人，我也有性需求，我也想試試各種花招，我想知道別的女人享受的高潮是怎麼回事，你不幫我，那我去找別人。」

老公不能接受，低頭看著地板，沉默不語，終於他說：「**我自己都沒辦法接受自己，更沒辦法對老婆做一樣的事。**」

對文武而言，那些女人只是服務對象，可以一起爽也可以讓他賺到錢，除此之外毫無意義。「我沒有辦法幫我老婆做性按摩的服務。因為這樣會讓我老婆知道，我對其他的女人做了什麼樣的事，這對我來說太難堪了。」

「我寧可像以前一樣，我們的性是例行公事，每個月找一天等小孩睡了，一起洗澡幫對方抹肥皂然後做愛，老實說和映霞做愛很平淡，但很親密。我覺得即便我進入那些女人的身體，都不如我握著老婆的手有安心的感覺。也許，這就是我愛老婆的方式吧。很抱歉，我真的沒辦法像服務客戶一樣，服務我老婆。我更沒辦法接受映霞去找別的男人，我光想像別的男人對我老婆幹嘛，我就要瘋掉了。」

為了婚姻，映霞已經退了一萬步，問題出在文武身上，但後果卻是映霞要承擔，孩子都生了塞不回去，她也仍然愛著文武。最後老婆讓步了，她參加我開設的女性自慰工作坊，學習取悅自己。當她第一次自慰得到高潮，她哭了。原來不需要男人，自己就可以讓自己如此性福。她買了情趣用品，找到自己的敏感帶，體會各種酥麻快感，和老公一樣，享受屬於自己的獨處時刻。

孩子哄睡了，這是一天當中，最好的時光，文武在客廳打手槍，而映霞在房間拿起扭蛋與按摩棒享受高潮。那天，映霞無意中房門沒鎖好，文武跑到房間拿東西時，撞見了老婆正在自慰。那個享受高潮的女人對文武來說很陌生，文武太習慣映霞作為孩子母親，以及日常生活中親人般的角色。他像是偷窺狂一樣，在房間門口看著這個人妻，不知不覺撫摸起自己的陰莖打起了手槍。過沒多久，他也忍不住朝向自己的老婆撲了過去，那晚，這個美麗的意外，造就了映霞久違的高潮。

這個多元世代，「相愛」有很多種型態，而這就是他們目前努力找到，最舒服的相愛方式。

性治療師的溫馨小提醒

你有A片成癮嗎？

擔心自己有性成癮的人，多數也有A片成癮，習慣高強度的情色影音刺激，在不看色情片時，會感到明顯的不適感，如坐立難安、注意力不集中、工作分心等等，有些人會產生耐受性，觀看量不減反增，即便過度沉迷影響日常生活，但仍停不下來。

找出看A片以外的抗壓放鬆法，無痛取代過度自慰：設定目標，學習增加多元的放鬆紓壓的方式，雖然適當壓力有其正面意義，但當壓力大到造成失眠或注意力減退等負面影響，就是身心失衡的警訊。

過多的壓力導致自慰過度，會導致遲射等性功能障礙問題。發展新的嗜好，學習放鬆紓壓的方式，減少過度自慰，需要一段時間重建規律生活作息，多探索適合自己的壓力管理技巧如：深呼吸、運動、寫日記。練習正念、和親友聊聊等。

第十三個故事

內心空洞的男同志性愛成癮

小明是是我在組織工會時認識的伙伴。每次我看到他，他都在微笑……無時無刻都在微笑。大多是怯生生的、抱歉的、有點畏縮的……那一種。

微笑不只是他化解尷尬的工具，而且是自然而然的反射動作。微笑可以掩蓋他的尷尬與憂傷，對性表現的焦慮，人際關係上的痛苦，人生的徬徨不安，以及假裝若無其事的面對各種危機……。當他感到痛苦迷茫時，常會想找我聊聊，我鼓勵他寫了好幾年的日記，他經常將日記內容和我分享。

從小，小明就經常麻痺自己的感受來逃避憂傷與不快樂。回想目睹母親被男友家暴的那一天，他還坐在電腦前默默觀察一切，絲毫不動聲色，假裝毫無反應，甚至假裝玩電腦玩得悠遊自在。

「你怎麼沒有反應？」母親男友驚訝地說道。

他告訴自己：「只要毫無感受，我就贏了對方。」

渴愛的小明，常常把對他好的人推開

某一次家暴者問他：「你媽在外面是不是有交男朋友？」

而他似無若有地回答：「有。」

因此害他媽被暴打一頓，造成單側耳朵聽力受損。

他不知道為什麼會這樣說，為甚麼要害自己的母親被打？

是他故意說反，還是他懷念起過去的日子，他還沒有大力把父親趕出家門的日子；或是，他認為母親怎麼可以這麼快跟另一個男人在一起，而且是那麼爛的男人呢？事後卻又自責不已，「我是不是很壞？」「我為甚麼要這樣做？」

他很想要有朋友。有一次，有一位見義勇為的班長W，看出了他在班上的孤單、他的寂寞、他的憂傷，在一次體育課的路上走在穿堂上問了他：「欸，我當你朋友好不好？」

而他推了W，害他摔下樓梯，幸好只有幾階。

連他自己都嚇到，為甚麼要推W？

他明明很想要有朋友，可是連想當朋友的W都「推開」了。

後來，在國中階段，他在基督教教會找到了「人際關係的寄託」。

反同背後是想找歸屬

他是一個同志，但是需要人際依附的他，認同基督教中的反同理念，只能把這件事當祕密。甚至一邊表現得虔誠、愛上帝，另一邊在參加教會青少年活動營隊時和男孩D互相愛撫——在大家都睡通鋪的情況下，他射精了。完事之後D馬上蓋起抹上精液的被子，讚嘆著說：「看不出來，我以為你是一個很虔誠的人。原來……。」

為了解決自己想在宗教中得到接納，同時性向又在宗教中不被接納的矛盾。他去了國際性的同性戀矯正組織「走出埃及」，他告訴自己「我一定要矯正好我的性向。」但他並沒有成功。「走出埃及」只是告訴他「喜歡男生是因為缺乏父愛。」要遵守獨身的生活，根本沒有告訴他「怎樣改變性向」，只好繼續壓抑自己的慾望，當一個「虔誠的基督徒」。

同時，他試著和學校中人人稱羨的漂亮大奶學妹，以及教會認識的女生搞曖昧交往，透過交往他確定自己不喜歡女生。他和一位男生X在一張宿舍床上廝混著，X撫摸他的身體，他硬了，而他也很愉悅；X幫他口交，他感到舒爽而射精了。結束之後，他冷冰冰地對X說：「回去！」

他抗拒接受自己是男同志，這些偷歡的情慾探索讓他苦惱，所以隔天甚至公開在網路上暗示有人性騷擾他。他一邊享受情慾帶來的快樂，一邊譴責這樣的快樂。苦悶的他，在「虔誠基督徒」外表的他，開始忍不住嘗試約炮。有時候，連約會地點時間都約好了，卻因為「感覺自己這樣對不起上帝」而臨時反悔。或是約出來在市區約會牽手，回去後又告知對方「自己這樣對不起基督教的信仰」。

初戀出櫃卻走入黑暗

二十歲的他遇到了SZ，這是他的初戀，他渴望與SZ談一場美好的戀愛，接納了自己是同志的事實，不再抗拒與質疑。他很渴望見面，想跟SZ每周至少約會一次，然而醫學系的SZ的課業繁重並不能滿足他的要求。匱乏的他，懷疑自己到底有沒有資格被愛？畢竟，論才華，論學業，論能力，醫學系與護理系的「差距」使他感覺自卑。因此，開始在約會時不斷試探著SZ。

「我去找男網友抱睡，你覺得如何？」他說。

「我沒有辦法接受。其實抱睡就是和其他人做愛吧？」SZ說道。

有一次他想要準備好自己的身體，獻身給SZ，然後去到淡水馬偕醫院抽血檢驗愛滋病毒與性病，興高采烈地拍照跟SZ說。沒想到卻弄巧成拙，反而讓ＳＺ懷疑他的忠貞。ＳＺ不懂小明為何要做身體健康檢查：「我以為你跟我是第一次。你之前沒有跟我說。」他很受傷，他開始瞞著ＳＺ在網路上談找另一個醫學院的男生約炮。不久後，小明就收到ＳＺ的分手訊息。

他哭了，眼淚止不住潰堤，用掉一包又一包的衛生紙，因這場初戀而向身旁親友出櫃的他，沒有獲得所期待的愛情，難道是他不值得被愛嗎？還沒有嘗夠戀愛的滋味與美好，便已落空，有好大好大的空洞在他內心深處。

停不下來的約炮，是他沒有勇氣說出「愛」

但他假裝這個空洞不存在。失戀的他，可能是安慰，抑或是欺騙自己：「我條件那麼好，之前只是沒有出櫃。現在的我出櫃了，我很快就能交到下一個男朋友。」他開始用交友軟體、加入臉書的同志交友社團，在批踢踢ＧＡＹ版上自介徵男友。

小明帶著情感上的空洞，在大學生活中，不停約炮，在火車上與隔壁的陌生人互相試探，然後進入廁所等私密空間做那件事。在星空滿布與微風徐徐的操場上互相打手槍。他和一位帥氣的聽障者在宿舍中做愛。和異性戀男性好友三人行，與他的女朋友一起做愛。

他想要尋求一點溫存，一點親密關係，想要在陌生人身上找到「愛」，卻無法滿足。可是在性行為後又感受到無比的空虛。

某一次暗戀一個華文系可愛學弟Y，他跟朋友L說，卻不敢表白。但某次聚會，L和Y卻在他的房間做起愛來。他好生氣，但又不趕破門而入，只能在門外乾瞪眼。原來，他好想要愛Y。但他沒有能力愛，沒有勇氣說出：「我愛他，不要跟我搶。」

性是愛的替代物

小明的大學生活越來越疲倦，翹課，不能起床。但他還是不知道自己怎麼了。直到有一天衛生所打電話給他，跟他說在兵役體檢時驗出有梅毒感染要去看醫生處理。然而他選擇逃避，選擇拖延，直到公所打電話給母親，他才被迫去看醫生處理。

他不只一次感染梅毒，準確來說，並不曉得有幾次。身為男同志，喜歡口交與被口交；口交帶套，總是有點掃興。

無論是在學校操場，火車上，其他國家的三溫暖與公園公廁，他在性行為中找不到愛，還因此得了一次又一次的性病，卻仍然忽視安全性行為的重要。

小明某次問我，如何進行安全性行為？做愛要帶保險套我知道，但超難的啊。像是游泳池中男同志天雷勾動地火怎辦？難道要出去買保險套再回來？還是要把事先買好在置物櫃的保險套拿出來，然後又花二十元重新鎖上？

十年來看著他慾海浮沉，我心裡十分不捨，回答道：「是的，安全性行為很麻煩，得到性病更麻煩，約炮這麼麻煩的事，不做會怎樣？」

其實，小明知道「性成癮」只是表象，性行為永遠無法滿足內心的匱乏，反倒更加得不到愛，他把時間心力都放在打炮上，如同找不到鑰匙，不在掉鑰匙的地方找，卻在大馬路找一樣。

他持續尋找方法幫助自己成長，寫日記對他幫助很大，他覺察到內心那個因為缺愛而彆扭的小男孩，與自己對話，認知自己已經厭倦約炮，原諒自己過去的荒唐，調整生活作息治好性病，早睡早起開始練壺鈴，學習喜歡自己、愛自己，和自己相處。喜歡閱讀的他，最近看了《原子習慣》這本書，開始改變生活習慣，減少約炮，期待能夠有一段穩定親密的情感關係，重新學習愛的能力。

性治療師的溫馨小提醒

把保險套當作前戲的一部分

性教育教你一定要以正確方式戴保險套，但性智慧卻是引導你思考，在各種性情境下，如何可以把戴保險套延伸成前戲，當作調情一般，把戴保險套變成很性感的事。

大家都知道，安全性行為很重要，保險套是目前唯一可以用來預防性病的避孕法，但如何在激情之中停下來戴保險套不尷尬呢？

《道德浪女》這本書有一個章節就是在探討戴保險套的情境管理，當你的性伴侶不想戴保險套的時候，教你溫柔而堅定的引導，讓對方接受且享受一場美好的性愛。

曾經有位性冷感的女性前來求助，後來發現是男友不習慣帶套，而她內心有著害怕懷孕的恐懼，讓她無法放鬆做愛。很多女人都覺得戴保險套的男人最有魅力，有什麼能比讓人放心自在地享受性愛，更迷人的呢？

第十四個故事

以幹遍天下女人為己任的西門不挑

小齊不覺得自己有什麼問題，但媽媽幫他付諮詢費，要他來和心理師談談，於是他就勉強來了。他滿臉腮鬍長相普通，是見過面之後，你會很容易忘記他的長相的那種，身高大約一百七十公分，中等身材，穿著整套的運動服和一雙乾淨如新的白色球鞋。

媽媽已經不只一次發現他帶女生回家過夜，已經三十八歲了，帶女生回家應該是好消息，畢竟媽媽一直殷殷盼著獨生子能結婚生子，但壞消息是這些女生都不一樣，也很少出現第二次。

小齊很滿意現在的生活，作為藥廠業務，他很擅長投其所好，客製化不同醫生需求的「研討會」與各種服務，讓醫生盡可能多開他家藥廠的藥，尤其是自費藥，更是小齊衝業績的重點項目。他信奉不婚主義，覺得婚姻是對自由的恐懼，把結婚生子拿來當作面對年老生病的保險，在這個時代已經不保險了。他也沒興趣解決媽媽的焦慮，反正左耳進右耳出就好。

他不是沒試過交女友，但認真談戀愛很累，不如開心享受輕鬆的短暫關係。他的朋友喜歡喊他「騙炮王」，他不太喜歡用交友軟體約炮，他覺得沒有挑戰性，加上這些女生不知和多少男人約過了，想到就沒感覺。

善於社交直覺敏銳的小齊，自認有狼般的嗅覺，可以聞到某種女孩的獨特氣味，這樣的女生渴望被愛，有一種缺愛的體質，習慣討好男人。這些女孩無論漂亮與否，都缺乏自信，不管遇到什麼事，都不喜歡麻煩別人，害怕自己的要求會被拒絕，總是擔心別人不喜歡自己，會讓人不高興。這樣的女生特別容易被低成本的付出感動，請杯咖啡就很開心，說幾句好話就心軟，哄一哄半推半就發生性關係，做過幾次，小齊膩了拍拍屁股就走，遇到太黏人的，就人間蒸發封鎖對方，轉身即忘輕鬆無負擔。

聽到他得意洋洋的炫耀，我忍不住和他確認：「所以你從沒交過女友？」「對啊。我是炮友滿天下，獨缺女友。」他從運動外套口袋拿出煙盒，炫耀著來自法國的香菸，接著說：「沒有任何女人比得上我現在單身狀態的生活品質，我幹嘛這麼累。我賺的錢都自己花，和女生出去都ＡＡ制，甚至有一次我花錢花太兇，我還和當時上床的女生借個二萬，後來也沒還。」

我今天是帶著和神父告解的心情來的。我的好朋友都很羨慕我，但又愛虧我是「西門不挑」[15]，經常問我怎麼會有幹不完的女生，我其實也覺得這些女生都是好女孩，我這樣是不是很不應該。但我停不下來。

詢問他從小到大的性史，他說國中看了金瓶梅的電影，對西門慶這個人很好奇，找了原著小說來看，雖然文言文看得有點累，但這本書讓他在心裡種下「幹遍天下女人」的心願。「小時候的我其實很內向，當我有了這個夢想，開始主動上台演講練口才，看很多把妹的書，研究心理學，累積經驗之後，就覺得搞定女人很簡單，簡直就是過太爽。」

我問他難道不曾心動過嗎？對方讓你動心，讓你渴望跟對方的生命融合交集，談戀愛是一種美妙的經驗，性與愛都是人生重要的部分，是不同層次的喜悅。你都三十八歲了，不想試著深刻地與愛人身心結合交流嗎？

他遲疑了一下，說他才剛甩掉一個可愛的女生。

擅長搭訕的他，在醫院門診認識一名護理師美琴，她同時也在做百貨美妝

15 他住在西門町，對女生來者不拒，長相無所謂，被朋友說胃口好不挑食，所以綽號叫西門不挑。

櫃台兼職，打扮起來是個時髦美麗的都會女性，互動大約二年，雖然不算是男女朋友，卻也是固定關係最久的一次。美琴總是等他有空就約個會、打個炮，不會查勤也沒有要求，為了讓媽媽不要煩自己，還把美琴帶回家當煙霧彈，上次重感冒，美琴還到家裡來照顧他。有一天美琴無意間透露，自己正在看心理師，小齊其實並不想知道太多，但總要假裝關心問一下。

美琴說她是單親家庭，媽媽要工作的關係，沒辦法照顧她，從小就到處流浪寄宿在親戚家。媽媽對她耳提面命，要她學會保護自己，衣服下的身體不可以被別人摸，誰知國二那年，大她二歲的表哥找她看A片，摸美琴的身體，美琴頭腦知道要拒絕，但身體卻覺得好舒服，表哥的擁抱好溫暖，總算有人注意到她的存在，不會當她是多餘的累贅。於是，這樣的關係一直持續到五專畢業，美琴搬離親戚家為止。

美琴覺得自己沒有聽媽媽的話，知道這是不對的事，卻不想拒絕，這樣的自己是一個很糟的女生。她的人生一直遇到渣男，這些男人都對她不好，但她卻離不開這些男人。小齊聽了有點心虛，趕忙問：「那我是不是渣男？」

美琴說：「你不是啊。你對我很好，常常送我禮物，常帶我去吃大餐，對我很大方。」小齊心知肚明，這些禮物只是因為有罪惡感，他知道小琴渴望被愛，但他能給的就只有這些。

突然，小齊的菸掉到地上，但他並沒有彎下腰去撿。他用右手肘抵著桌子，右手掌整個摀著眼睛，彷彿難過又似疲累的說：「後來我叫她不要再和我聯絡，放生她。因為我實在不想再傷害她了。」

「她很好，真的。我現在想到她，心裡還有點難過。只希望她不要再遇到像我這樣的男人，我是不會結婚的，如果不小心有小孩，絕對不要生到女兒，像我這種人，以後應該會有報應的⋯⋯。」說完，他撿起菸，朝我揮揮手，離開諮詢室。

♂ 性治療師不外傳的祕技 性成癮自助守則

給性成癮的你，和性慾相處的性智慧

如果你沉溺性愛，學習和性慾相處，不要責怪自己

「性」是生理的基本需求，但很少人會覺得「口慾太強」或「很愛睡覺」是難以啟口或覺得丟臉的問題，但性慾卻令人羞於啟齒。如何與自己的性慾相處，其實是生而為人一定要面對的課題！比起性教育，性慾教育更是重要。

自身的慾望無處安置，一味壓抑只會造成更多問題，我們需要的不只是性教育，而是性智慧。沒有親密關係的性是自由嗎？自由帶來的暈眩，我們應該

如何面對？

天真的小孩只要講到性相關的關鍵詞或觸摸自己的性器官，就會引發大人極度的焦慮，那麼碰觸別人或被別人碰觸自然更是非常禁忌的事。有些人從小就會自慰，卻發現性是大人的禁諱話題，對自己的性慾望產生一種不潔感，覺得自己有這些想法、身體有這些反應是不對的，甚至覺得，我只是一個小孩，我卻會自慰，我一定很髒很壞，從小就對自己的身體心像、自我概念有了負面的想法，影響的不只是性，甚至是人格的發展，因為自慚形愧，容易自卑、沒有自信。即便長大後覺得自慰原來沒有什麼，但仍然不知道如何與性慾和平相處。

性慾像是一種如影隨形的神祕力量，揮之不去。愈想要控制性慾，卻往往被性慾控制，不論是自慰、找伴侶、性工作者或是約炮，都只能短暫消火，過一陣子又慾火焚身，讓人無法專心念書準備考試、投入工作。許多人獨處時想靜心休息，或想做嚴謹的時間規畫管理，卻會被突如其來的性慾干擾，讓許多人覺得煩躁、困擾，誤以為是自己的問題。

其實大部分的人都是如此，「擁有性慾」是正常的現象。慾望本來就不能、不該壓制否認，否則就會火上加油，愈燒愈旺。幸運的人，找到在性方面合得來的伴侶，有了美滿的性生活，解決這個難題。但大多數的人，即便結了婚、有了對象，性生活不一定得到滿足，仍然有慾求不滿的痛苦。

「水火有氣而無生，草木有生而無知，禽獸有知而無義，人有氣有生有知，亦且有義，故最為天下貴也。」動物的性是本能以繁衍生殖為目的，而人的「性」往往無法只有「性」而已。面對性慾如此複雜的感受，我們需要的不是厭惡和責難，而是理解與陪伴，更需要學習和引導。單純的性行為並不會產生愛，但愛可以讓性更美好。

性問題是很多元的，不變的是對擁抱的渴望。邀請大家關注不同「處境」

中人的性，看見處境，才能談理解，進一步解決因性而延伸的各種難題。

自助守則一：你是否有「性成癮」？

在進入性成癮診斷與治療前，需要先瞭解自己是「胃口好」般的性慾旺盛？抑或是無法控制地「暴飲暴食」，即使撐暴胃袋仍無法控制的慾望？兩者差異在於胃口好／性慾強是種個人嗜好與個人選擇，性歡愉帶來的刺激與滿足，像是吃到好吃的雞排或是滷肉飯（可以換成任何你最喜歡吃的食物，每個人的喜好和滿足點是很不同的）那種心滿意足的開心。有些人可以每天都吃雞排，或一天三餐都吃雞排，但不會因為雞排店沒開就如同世界末日，甚至暴怒想砸店！

如果愛吃到無法控制、吃撐了還想繼續吞，這就進入到成癮症狀，不再只是一種個人選擇的嗜好享受，而是可能破壞職業生涯與日常生活、摧毀可靠的親密關係與殘害健康的成癮疾患。

性成癮（sex addiction）或性縱慾障礙（hypersexual disorder）都沒有正式列入《DSM-5 精神疾病診斷準則手冊》診斷標準裡。這些行為僅列入第三部分待考查，亦即尚需進一步研究才能考慮列為精神障礙。

而由世界衛生組織推廣的《國際疾病分類第11版》（ICD-11）則指出，性強迫症狀至少要持續六個月，且對個人、家庭、社會、學校、職場或其他環境造成嚴重影響而帶來痛苦，一直無法控制不斷出現的性衝動，或持續想要有性行為。症狀可能包括性愛成為生活中心，使患者忽視健康，與其他興趣、工作和責任。但道德批判或對性行為的指責所帶來的痛苦，並不算在性強迫症判定範圍內。

儘管性強迫症的情況聽起來與性成癮相似，性強迫是否等於性成癮？沒有答案。學界有兩派。一派認為跟成癮沒有不同，一派認為是每個人都有不同程度的性慾。性強迫症治療不像酒精或毒品成癮治療，不見得要視為疾病，但鼓勵有此困擾的人主動接受治療，發展健康快樂的性關係。

就現有臨床資料，以美國為主的研究報告顯示約三至六%的美國人有性成癮方面的問題。成癮者中有六十%在職場面臨懲戒，三十%遭遇開除。影響層面不只是在道德上與情感親密關係裡的偷吃劈腿與背叛，破壞情感關係的信任支持系統外，更是失去控制地危害到工作、經濟收入、社會成就肯定與個人身體健康。

以下七點為性成癮症狀，初步自我診斷指標：

1.為滿足性需求到失去控制（如陰莖感到疼痛仍無法停止）與忘記時間（社交脫節）。

2.強迫性行為。

3．曾反覆戒癮。
4．被性需求佔據心思到工作失誤或無視嚴重後果。
5．即使知道要付出的社經地位、法律、健康的種種風險，仍無法拒絕與停止。
6．性慾望沒有隨著滿足而消停，反而越陷越深。
7．已經因此犧牲傷害了自我的名聲、家庭、親密關係與工作成就。
8．嘗試停止性行為時，感受到強烈的焦慮不安並且無法停止（戒斷症狀）。

有些專家學者提出質疑，性愛不是有形物質，與酒精、藥物不同，如何定義對性愛「成癮」？國內外關於性成癮相關的研究尚不夠深入與完整，雖然本書會提供醫療或專家的觀點，但是關於性，我並不鼓勵「過度醫療化」，每一個人的性都是獨一無二的，來自成長脈絡、社會結構、生長環境以及個人特質等因素，本書自助手冊裡所提出的建議，不見得適用於每一個人，與其說是「解方」，其實更多是邀請，邀請讀者閱讀後思考並實踐「性健康」。

性反映了每個人的身心狀態，硬是把約定俗成的名詞或是醫療診斷套在自己身上，對健康幸福的性生活不見得有幫助，希望這本書可以幫助大家自我了解，性是生命中最隱私的一部分，你也許不想找人談談，希望這本書可以協助你與自己對話，人人都有機會在自我了解中，學習實踐成為自己的性專家。

自助守則二：了解「性成癮」生理與心理動力成因

◉ 生理成因：錯把性愛當成萬用紓壓工具

性行為與性高潮時，人體會分泌類似嗎啡的內分泌物質而產生快感與獲得止痛效果。隨著過於頻繁的性行為，生理上產生了對這些內分泌物質的耐受性，與心理上的依賴。當這些內分泌物質在血液中濃度下降時，產生了焦慮不安、易怒暴怒、情緒低落不穩定等生理戒斷症狀。為了緩解這樣的戒斷症狀，尋求更多的性行為與性高潮，耐受性與依賴性導致尋求更多更強烈的刺激，於是形成生理上成癮。

生理成因的性成癮，多使用藥物治療以阻斷內分泌物質作用。

◉心理成因：以羞恥／罪惡感為驅動力的心理動力系統

人的成癮行為往往有個更深層而複雜的心理動力推動著。在成癮衝動的心理作用中，包含了信仰系統與衝動系統。

信仰系統：為認知建構成的「個人信念」一旦信念被建立固化之後，削弱了獨立思考批判的能力，強制限約了價值信念與行為反應模式。

以男性性成癮為例，比起其他物質濫用的成癮者，個人信念受到社會與所在群體所影響，例如越多的性行為或性伴侶代表更多的性魅力與個人價值的肯定。

或是受「有毒的男子氣概」篤信理想的男人形象就是要霸氣剛硬的大男人、貶低女性、崇尚暴力與抑制情感表達與溝通。一旦這樣的個人信念被建構後，便無法再思考與批判這樣的價值信念。更為了維持內在信念與價值，行為舉措強制

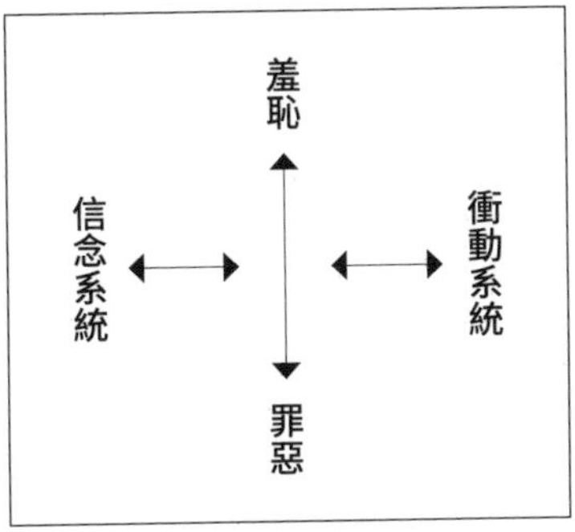

體現了這樣的個人信念，尋求更多的性行為與性伴侶，或是更加彰顯有毒的男子氣概，構成無法思考並不斷固化的成癮信念機制。

衝動系統：在內在成癮信念機制推動下，並被這念頭所淹沒，進而發展出固定儀式化的行為。衝動行為又更加強了成癮信念，形成強化的信念循環系統。

性成癮者做出衝動行為，行為後果的羞恥感產生了罪惡感。罪惡感再回到

信念系統中，為維護個人信念，更加強鞏固成癮信念機制的強度，又驅動了衝動系統裡的固化行為。衝動行為後又感受到更多的羞恥感。周而復始進入「羞恥—罪惡—成癮信念—衝動行為」循環，完成並強化成癮心理動力系統。性成癮者甚至無法在性行為中感受到性快感與愉悅，反而是羞恥罪惡感與無止境的失去控制。

建議透過心理治療的專業協助，透過認知分析看見自己的成癮信念，打破行為循環。

◉ 性成癮的變態／病態（perversion）表現行為

以下將要討論一些長期以來備受爭議的少數性癖好群體。例如：與現實脫節的性幻想（強暴幻想、蘿莉控）、引誘癖好、偷窺癖、暴露癖、性交易、與匿名者性濫交、性受虐癖好等，這些性嗜好在參與者們充分溝通、安全合法性行為與積極同意的原則下，也就是高度的自我覺察後積極參與，以愛與尊重為最高守則，這些個別性嗜好都不被視為變態／病態的性行為表現。

釐清性成癮在社會輿論最遭受非議的行為表現後，超過性情趣嗜好而達到變態／病態的行為判斷指標，在於其「目的意圖」：

1．強迫控制自我或他者。

2．傷害自我或他人。

3．摧毀自我或他人的尊嚴。

目的意圖背後的心理動力，是種支配衝動。將對象或自己物品化，得以支配後再加以傷害。接續著性成癮者的心理成因，成癮信念的驅動力不再是快感，而是羞恥罪惡感。在性智慧的三層含意裡，自我審視己身的行為動機與這些進行這些行為的感受，是否已經跨越過個人情趣到以強迫、傷害自己或他人以及摧毀信任與尊嚴，並且誠實接受這樣的習慣，帶來的不再是快樂享受的樂趣，而是傷害、羞恥與禁錮。

心理成因的性治療，請洽詢專業心理治療師或有心理專業的性治療師。

自助守則三：我就是無法一對一，「開放關係」是否為關係困境解方？

單身者閱人無數享受性愛，稱之為風流浪子，即便是性成癮，也很少有人覺得這是一件需要求助的事。但親密關係中的慣性出軌或是「性成癮」，無法避免傷害伴侶，成了難以處理的兩難困境。

從當事人的角度說來，身為多重關係者的中心位置，內心常承受極大的拉鋸而難以自處。一方面心裡矛盾衝突，另一方面又無法壓抑情慾，所以就說謊、偷偷摸摸、混水摸魚，最終劈腿曝光，對方的指控讓劈腿者厭惡自己的行為，害怕自己不值得被愛，無法應付得知真相後的愛侶的痛苦情緒，同時對自己無法滿足於一人的渴愛行為無能為力。最後甚至認為「反正我就是那麼爛嘛！」而放任自己，形成出現重覆的愛情模式，上演一樁樁互相折磨虐待的關係悲劇。

時下流行的「開放關係」，似乎成了解決多重關係困境的處方箋之一，這是一種關係的參與者雙方（甚至多方）共同認同的非一夫一妻制親密關係。事實上，「開放關係」不等同「劈腿」。

「開放式關係」意味著雙方可以同時與其他人建立親密關係，前提需要獲得第三方的知情同意。「真實」出現愛情中自己的狀態，在可能出軌的第一時間，向第三者（或第四、五者……）表示自己已有固定交往對象，也向伴侶坦誠自己被其他人吸引。

看清彼此的感情的期待與差異，「坦誠」是「開放關係」中最重要也是最難的原則。開放式關係提供了彈性和開放的可能，以一種非傳統的方式來維護親密關係，以符合個人的需求和價值觀。

許多人在實踐「開放關係」時遇到困難，實際運用時爭吵不斷，有人說，這其實是「烏托邦」式的理想關係。我在這邊再分享一個小故事。有個來診間求助的男同志阿發，他發現伴侶劈腿，卻不生氣反而開放討論關係裡的各種可能性，男友表示這不是第一次，他在上一段感情就是因為偷吃而分手。為了解決困境，阿發提出開放關係的交往模式，彼此約定好，周六是他出去約炮的日子，周日是自己出去玩的日子。諮詢時，阿發為自己可以不哭不鬧成熟處理而感到驕傲，沒想到過沒多久，再次捉到男友偷吃。男友說，公開透明按表操課出去約炮，少了刺激感；加上報備時，內心就是會有罪惡感，只想偷偷摸摸來，不想明說。阿發不能接受，只能分手。

不幸的是，在大多數都還搞不清楚或不想搞清楚「開放關係」定義的狀況下，許多交友軟體除了單身、非單身，已經多了「開放關係」做為選項。許多人第一次看到這個詞彙，是 Facebook 感情狀態「開放式關係 Open relationship」，許多人表示霧裡看花無法理解，已更新成「交往中但保有交友空間」。

用「開放關係」一詞取代「劈腿」，是一種誤用，成了這世代的風潮。這意味著，在這個時代，如果你想認真好好談場一對一的戀愛，即使對方自己不說清楚，曖昧時期收集資料、觀察並認清對方的情感狀態，已成為愛情戰場裡重要的技能。他對於愛情的真正價值觀是什麼，你是否能理解並接受對方的愛情價值觀，也是談戀愛過程裡需要進行觀察評估的。但陷入愛河的人是盲目的。

有太多人事後回想被劈腿的過程，早就察覺不對勁，因為不甘心或捨不得而不想戳破，事後心碎受傷，怪對方騙自己，或是責怪自己沒有盡到保護自己的責任，令人心疼。談戀愛往往是一種感覺，為了保護自己、還要核實之後才能愛上對方，這也太累，因此只打炮、懶得談戀愛的人愈來愈多了。

現實生活裡的一夫一妻制雖然不完美，但開放關係實在很難做到，大部分的人卡在中間，說一套做半套。《道德浪女》的作者尊重也羨慕一對一關係，但他們認為沒有一種關係是能滿足所有人的，所以才要學習開放。道德浪女的關係沒有約定俗成的規矩，藉由開放討論來訂立個別協議，協商出某些條件、環境與行為來滿足自己的需求，同時也尊重每個人的界線。接納並處理各種情緒就是善待自己，是書中非常強調的一點。

多重關係並不是外界誤以為的玩弄感情，朵思與珍妮的「浪女倫理」在於：

「善待自己，並且記住，愛最重要的部分並不是愛一個人的美麗、力量或優點。愛的真正考驗在於，當一個人看見我們的脆弱、愚蠢與渺小，卻不減其愛。」

我相信，這就是性智慧，核心價值就是愛與善意。無論「開放關係」是否為關係困境解方，我相信愛與善意才是性問題的解藥。

自助守則四：用好習慣取代對性的過度沉迷

性作為逃避問題的習慣，卻製造出更多問題。因為性成癮而影響親密關係裡的承諾，卻又無法自拔，是令人困擾的壞習慣，最重要的是找回生活與關係中的連結。如果你也不喜歡這樣的自己，我想告訴你「改變是可能的」，每天一點點微小的改變，三百六十五天之後，你就會得到升級版本的自己。用其他好習慣取代對性的過度沉迷，請運用性智慧的原則：

1・透過自我覺察，體會罪惡感、羞愧感對內在的與身體造成的感受。

2．提醒自己「我現在正在幹嘛呢？」，認知自己對性的目的與方式，從經驗中自我了解，知道自己到底怎麼了，不批判的接納並想像帶來「改變」的小習慣與小信念。

3．每天循序漸進的計畫並執行改變。

4．與穩定的親密關係創造新的體驗，在性的互動現場進行情境管理，用深刻的親密關係與連接，以取代過度性沉迷帶來不好感受。

成癮的反面不是戒斷[16]，而是建立取代的習慣。用運動、冥想等好習慣取代性成癮，找回對愛與生活的興趣與熱情，替換對性的偏執信念。自我調適的好習慣如：

1．瑜伽甚至冥想都可以幫助您在身心之間達到平衡。

2．利用運動「消耗」性能量。如跑步，重訓，跳舞或其他方式，都有助於消耗多餘的性能量。

16 關於建立習慣，非常推薦讀者閱讀近年非常受歡迎的暢銷書《原子習慣》，用簡單的四步驟創造有效的習慣循環。

國家圖書館出版品預行編目 (CIP) 資料
男人的憂傷，只有屌知道／梁秀眉著 . -- 初版 . --
臺北市：大塊文化出版股份有限公司，2023.12，268 面；
14.8×21 公分（smile；200）ISBN 978-626-7388-12-9（平裝）
1.CST：性知識　2.CST：性功能　3.CST：男性性器官
429.1　　112019285

LOCUS